普 通 高 等 专 科 教 育 机 电 类 规 划 教 材

机 床 夹 具 图 册

上海机械专科学校　孟宪栋
哈尔滨机电专科学校　刘彤安　主编

机 械 工 业 出 版 社

内 容 简 介

《机床夹具图册》内容包括定位装置示例、夹紧机构示例、钻床夹具、车床夹具、铣床夹具、镗床夹具和其它机床夹具。其中全部定位装置示例、夹紧机构示例和部分夹具图配置了立体图，直观性强。该书适合做高等专科学校机制专业的教材，也可供电视大学、业余大学、职工大学和中等专业学校使用，并可供有关工程技术人员参考。

图书在版编目（CIP）数据

机床夹具图册/孟宪栋，刘彤安主编 . —北京：机械工业出版社，
1999. 12（2024. 5 重印）
普通高等专科教育机电类规划教材
ISBN 978 - 7 - 111 - 03072 - 0

Ⅰ. 机… Ⅱ.①孟…②刘… Ⅲ. 机床夹具 - 图集
Ⅳ. TG75 - 64

中国版本图书馆 CIP 数据核字（1999）第 69231 号

机械工业出版社（北京市百万庄大街 22 号　邮政编码 100037）
责任编辑：王英杰　王海峰　钱飒飒　倪少秋　版式设计：冉晓华
责任校对：陈　松　封面设计：刘　代　责任印制：任维东
北京中兴印刷有限公司印刷
2024 年 5 月第 1 版第 36 次印刷
370mm×260mm · 6. 5 印张 · 153 千字
标准书号：ISBN 978 - 7 - 111 - 03072 - 0
定价：21. 00 元

凡购本书，如有缺页、倒页、脱页，由本社发行部调换
电话服务　　　　　　　　网络服务
服务咨询热线：010- 88379833　机 工 官 网：www. cmpbook. com
读者购书热线：010- 88379649　机 工 官 博：weibo. com/cmp1952
　　　　　　　　　　　　　　教育服务网：www. cmpedu. com
封面无防伪标均为盗版　　　金 书 网：www. golden-book. com

前　　言

　　《机床夹具图册》(以下简称《图册》)是根据高等专科学校机械制造专业教材编审委员会(以下简称编委会)审定的指导性教学计划和机床夹具设计教学大纲，由编委会组织编审和推荐出版的教材。

　　在编写《图册》时注意了与《机床夹具设计》教材之间的紧密配合。在入选图幅时考虑了选用那些在生产中应用效果显著，在结构上应以中等复杂程度为主，并具有代表性的机床夹具。入选的图幅构思具有启发性，符合教学要求。

　　本《图册》具有以下特点：

　　第一、编入了定位装置示例和夹紧机构示例。因为定位、夹紧两部分是机床夹具设计课的重点内容，所以应在本《图册》中突出并加强，这样，才能扩展学生的视野并引导他们开拓设计定位装置、夹紧机构的思路。

　　第二、配置了部分立体图，直观性强，便于读者理解。

　　第三、编入了工厂生产中应用的完整夹具图，以便为学生课程设计提供参考。

　　第四、贯彻了最新的国家标准。

　　为编写本《图册》，编写人员从全国各地许多工厂的图样、国内外各种资料中，搜集了大量的机床夹具图，经过初选、复选确定了机床夹具图110套，又通过工艺、夹具课程组先后组织有专家、教授参加的两次审稿会，最后经评选、审定、再加工、修改，确定54幅图汇编成册。

　　本《图册》可作为高等专科学校机械制造工艺与设备专业的教材，也可供电视大学、职工大学、业余大学和中等专业学校使用，并可供有关工程技术人员参考。

　　本《图册》由上海机械专科学校孟宪栋、哈尔滨机电专科学校刘彤安任主编。哈尔滨机电专科学校徐霑、上海机械专科学校冯鹤敏、杭州高等专科学校冯克宇任协编。本《图册》由省级有突出贡献的专家、哈尔滨机电专科学校陈德祺副教授主审。

　　本《图册》共分七个部分：一、三、四(部分图幅)、六由刘彤安、徐霑编写，二、四(部分图幅)、五由孟宪栋、冯鹤敏编写，七由冯克宇编写。

　　洛阳建筑材料工业专科学校杨芬瑞老师为本《图册》的编写提出了意见并提供了资料。在搜集资料和编写过程中，还得到了孙奎武教授、李庆寿副教授、王志福高级工程师、余存惠副教授、张运中副教授等和兄弟学校教师、工厂工程技术人员的大力支持和热情帮助，在此一并表示诚挚的谢意。

　　由于经验不足和水平有限，本《图册》中的缺点和错误在所难免，敬请读者批评指正。

编　者

目 录

一 定位装置示例

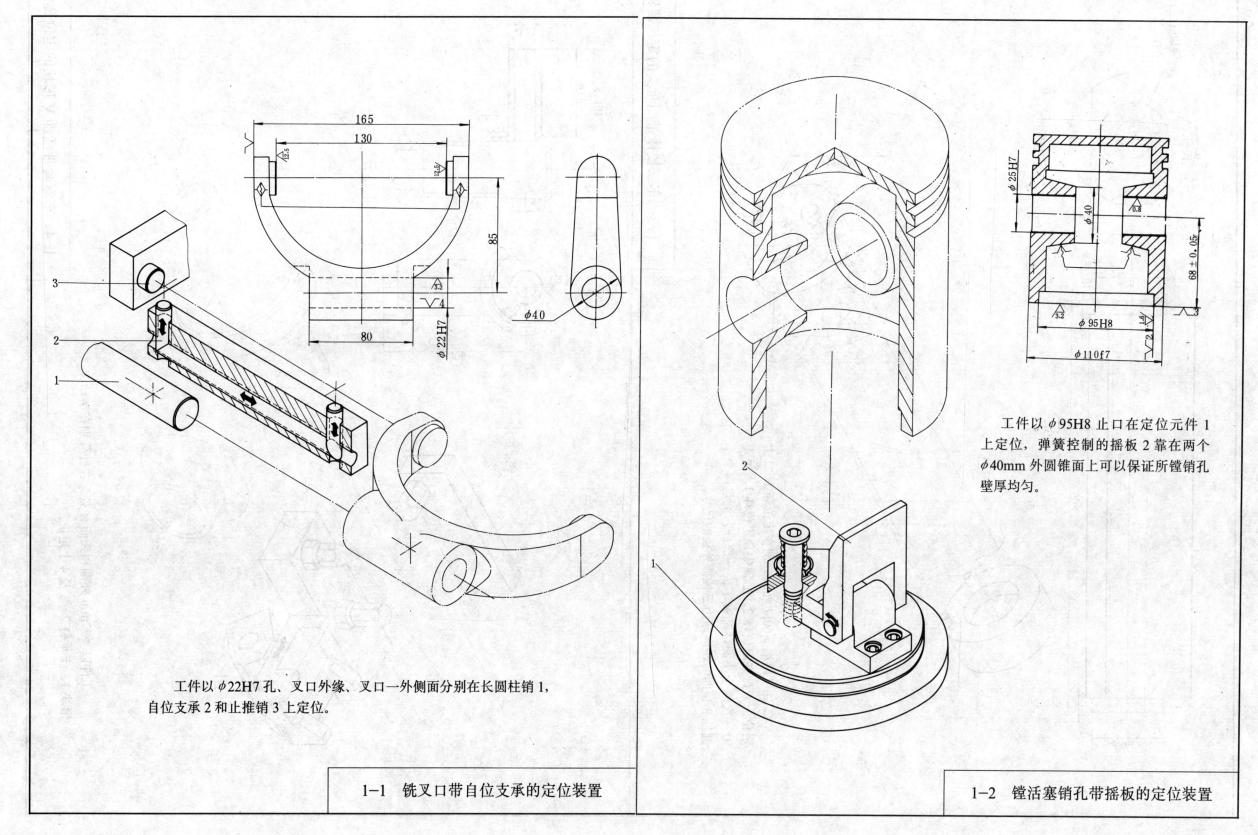

工件以 $\phi22H7$ 孔、叉口外缘、叉口一外侧面分别在长圆柱销1、自位支承2和止推销3上定位。

1-1 铣叉口带自位支承的定位装置

工件以 $\phi95H8$ 止口在定位元件 1 上定位，弹簧控制的摇板 2 靠在两个 $\phi40mm$ 外圆锥面上可以保证所镗销孔壁厚均匀。

1-2 镗活塞销孔带摇板的定位装置

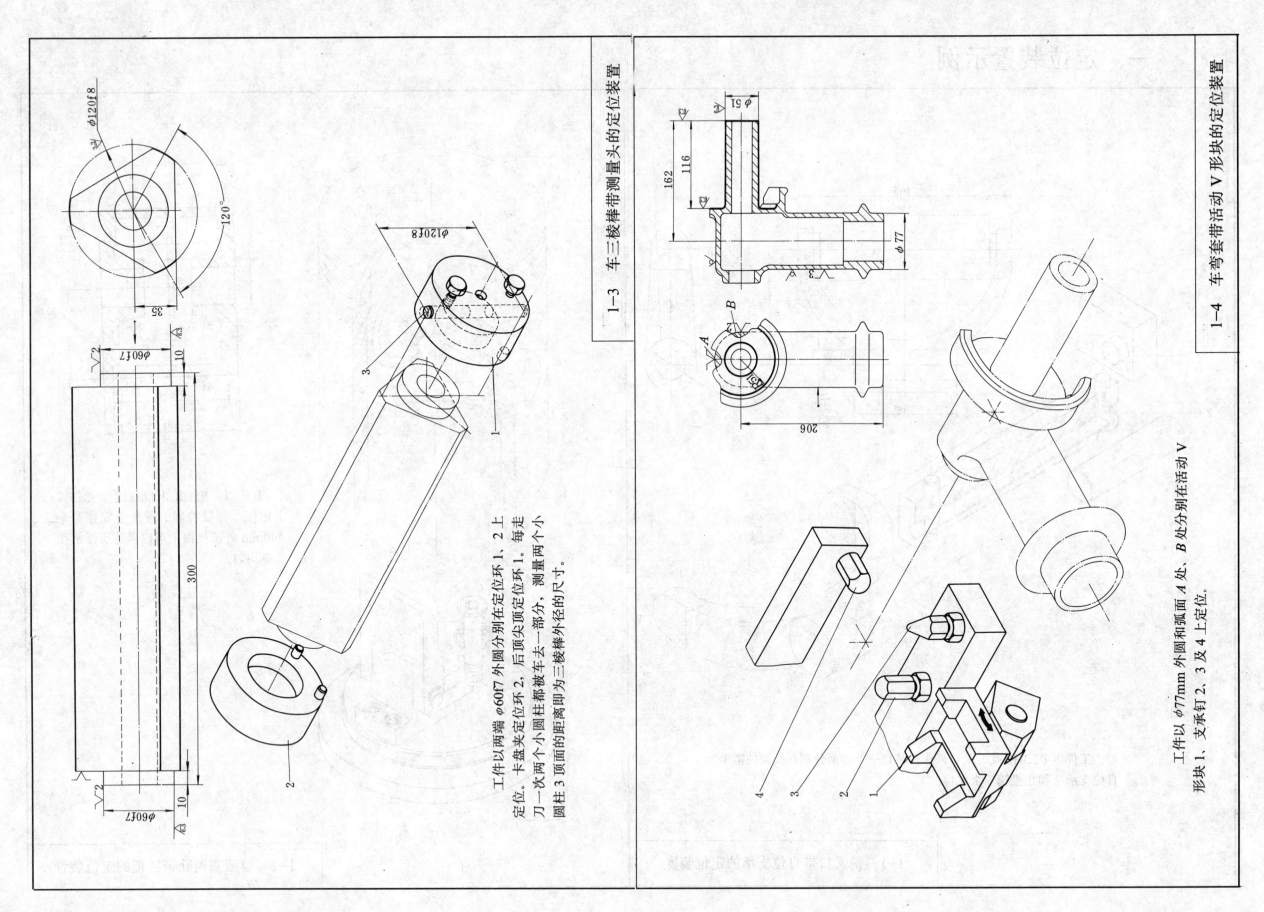

1—3 车三棱棒带测量头的定位装置

工件以两端 $\phi60f7$ 外圆分别在定位环 1、2 上定位。卡盘夹定位环 2，后顶尖顶定位环 1。每走一次刀两个小圆柱都被车去一部分，测量两个小圆柱 3 顶面的距离即为三棱棒外径的尺寸。

1—4 车弯套带活动 V 形块的定位装置

工件以 $\phi77mm$ 外圆和弧面 A 处、B 处分别在活动 V 形块 1、支承钉 2、3 及 4 上定位。

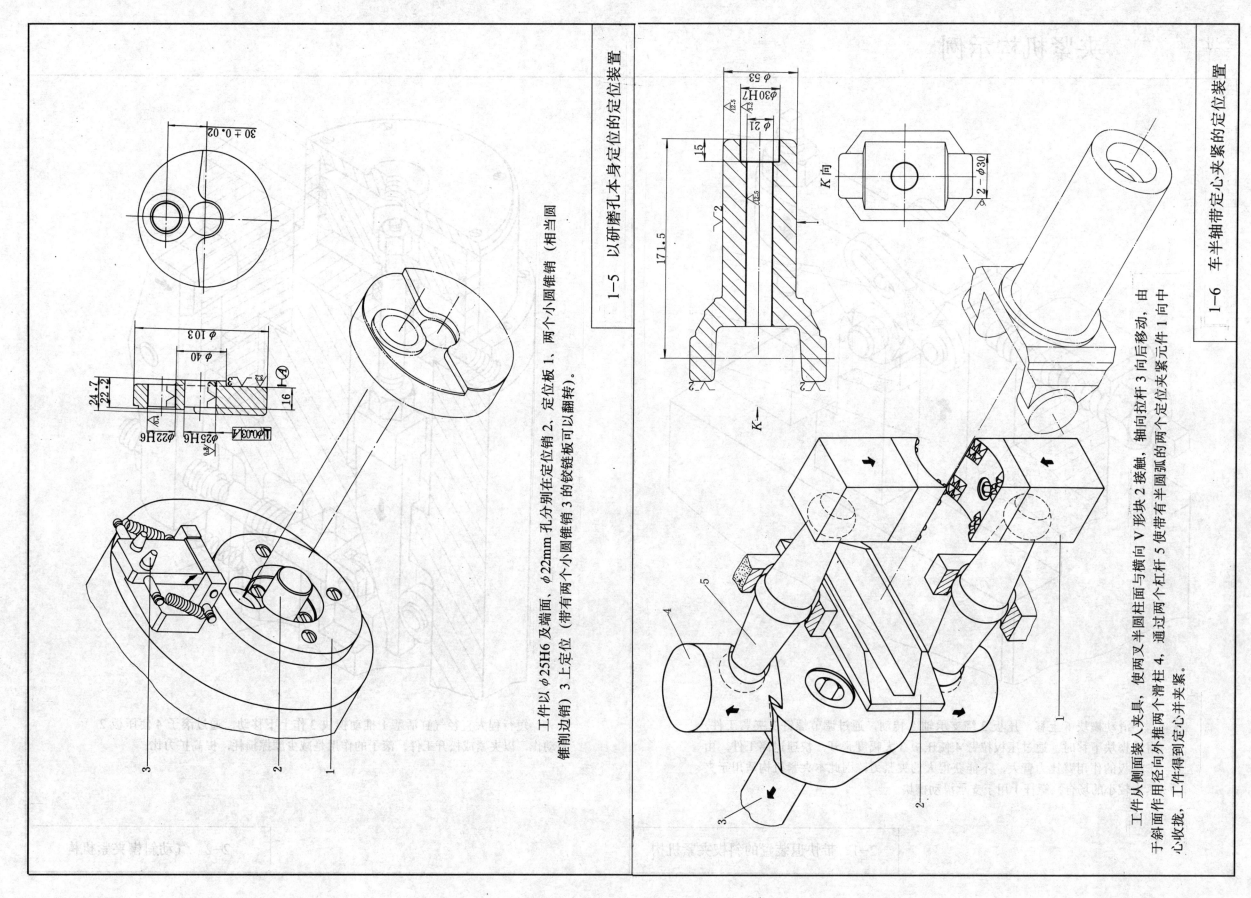

1-5 以研磨孔本身定位的定位装置

工件以 φ25H6 及端面，φ22mm 孔分别在定位销 2、定位板 1、两个小圆锥销（相当圆锥削边销）3 上定位（带有两个小圆锥销 3 的铰链板可以翻转）。

1-6 车半轴带定心夹紧的定位装置

工件从侧面装入夹具，使两叉半圆柱面与横向 V 形块 2 接触，轴向拉杆 3 向后移动，由于斜面作用经向外推两个滑柱 4，通过两个杠杆 5 使带有半圆弧的两个定位夹紧元件 1 向中心收拢，工件得到定心并夹紧。

二 夹紧机构示例

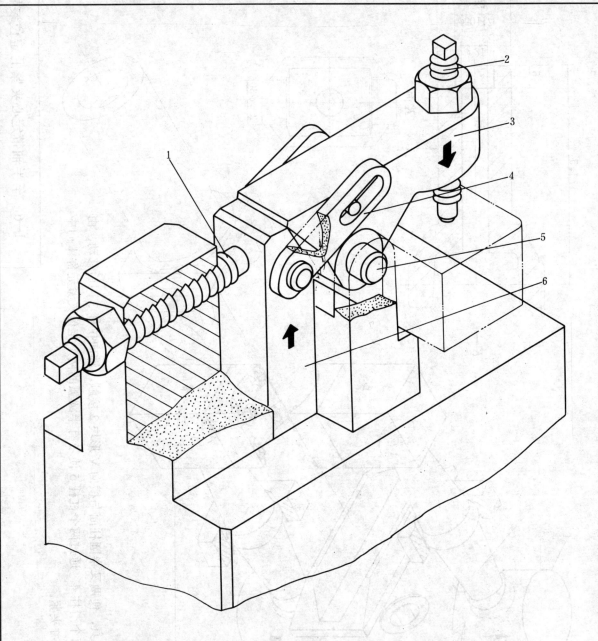

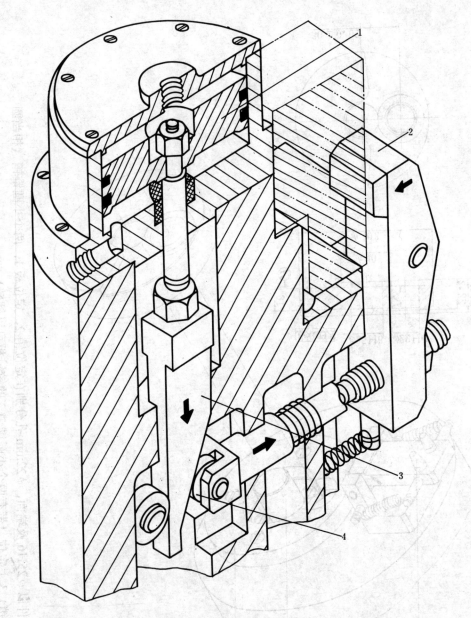

　　滑动楔块 6 上移，压板 3 绕支承轴 5 转动，通过调节螺钉 2 夹紧工件。滑动楔块下移时，通过压板拉臂 4 使压板 3 大幅度张开，快速退离工件。由于压板的作用臂比力臂大，不能获得大的夹紧力，因此本夹紧机构适用于夹紧力较小的场合。螺杆 1 用于支承滑动楔块。

　　短行程大直径气缸活塞 1 推动楔块 3 作上下移动，通过滚子 4 使压板 2 动作，以夹紧或松开工件。滚子的作用是减少摩擦损耗，提高扩力比。

| 2—1 带快退装置的斜楔夹紧机构 | 2—2 气动斜楔夹紧机构 |

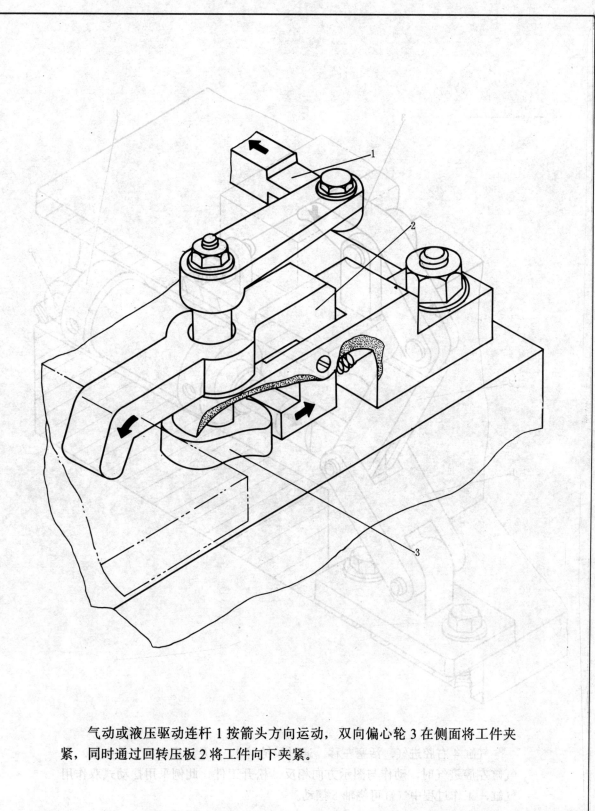

气动或液压驱动连杆 1 按箭头方向运动，双向偏心轮 3 在侧面将工件夹
紧，同时通过回转压板 2 将工件向下夹紧。

2-3　双向作用的偏心夹紧机构

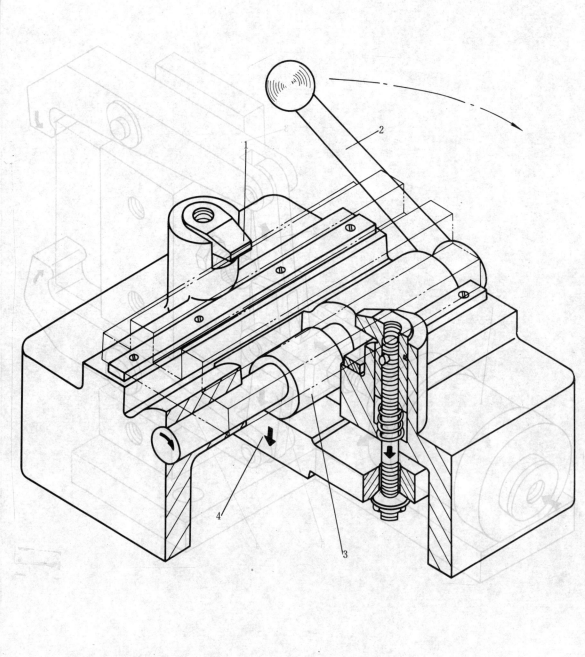

扳手柄 2 转动偏心轴 3，通过杠杆 4，使两个钩形压板 1 向下将工件夹紧。

2-4　偏心轴夹紧机构

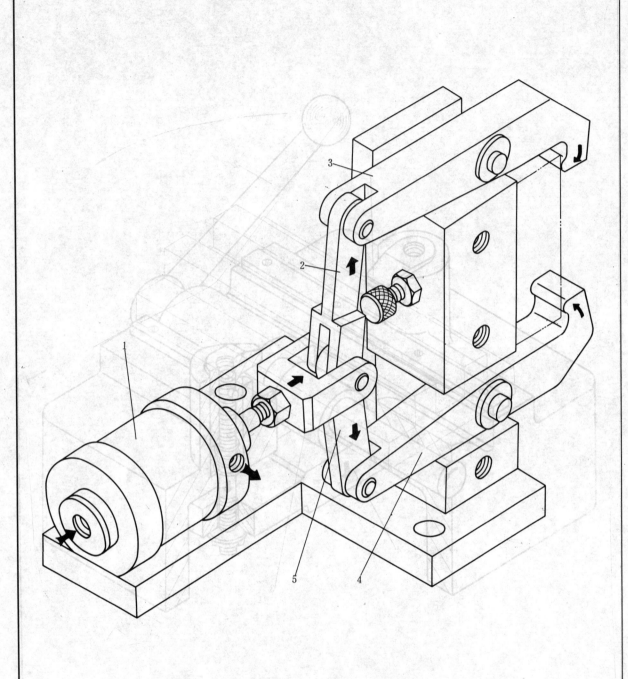

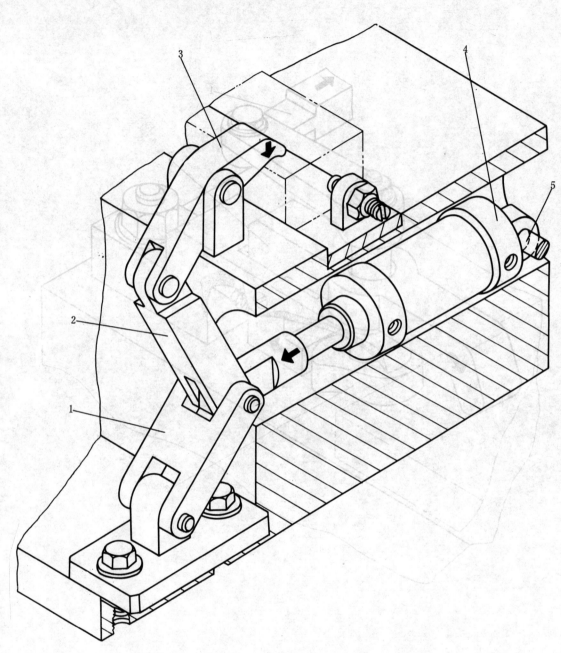

气（液)压缸 1 左腔进气（液压油）时，活塞右移，通过铰链臂 2、5，使两块压板 3、 4 绕各自的支承轴转动而将工件夹紧。 当右腔进气（液压油）时，动作方向与图示方向相反，松开工件。

气缸 4 右腔进气，活塞左移，通过铰链臂 1、2 及压板 3 将工件夹紧。当气缸左腔进气时，动作与图示方向相反，松开工件。此例采用摆动式双作用气缸，工作过程中气缸可绕轴 5 摆动。

2-5　双臂双作用铰链夹紧机构

2-6　双臂单作用铰链夹紧机构

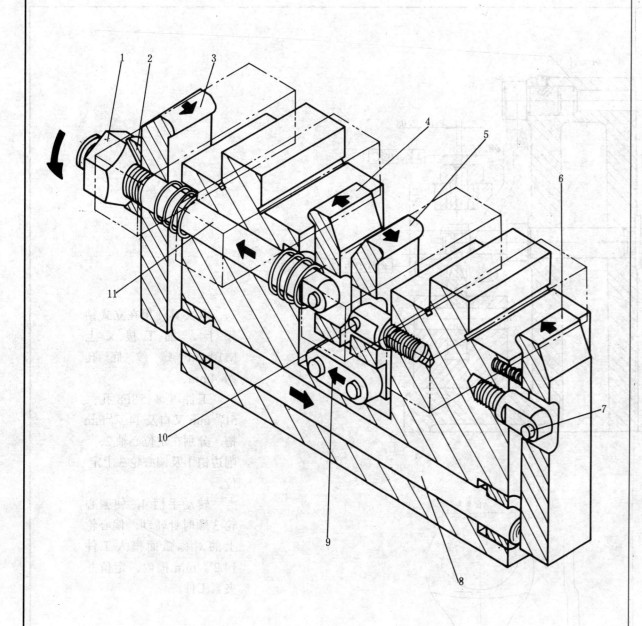

拧紧螺母 1，通过球面垫圈 2 使压板 3 右移。同时螺杆 11 拉动压板 4 左移，通过连接块 9 使压板 5 绕轴 10 摆动。压板 3 右移的同时，推动球头滑柱 8 右移，使压板 6 绕轴 7 摆动，故四块压板同时夹紧四个工件。

2-7 四点联动夹紧机构

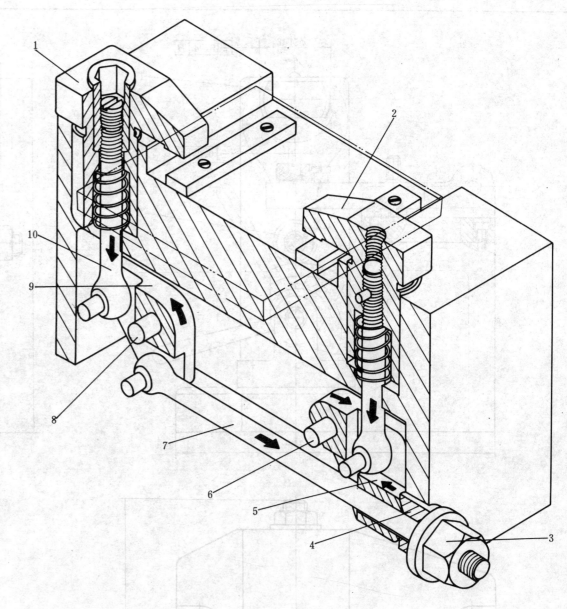

拧紧螺母 3 时，螺栓 7 右移，拉动连接块 9 绕轴 8 按箭头方向摆动，从而通过螺栓 10 拉动钩形压板 1 向下。同时螺母 3 通过滑套 4 推动连接块 5 绕轴 6 按箭头方向摆动，拉动钩形压板 2 向下，两个钩形压板 1、2 同时夹紧工件。

2-8 两点联动夹紧机构

三 钻床夹具

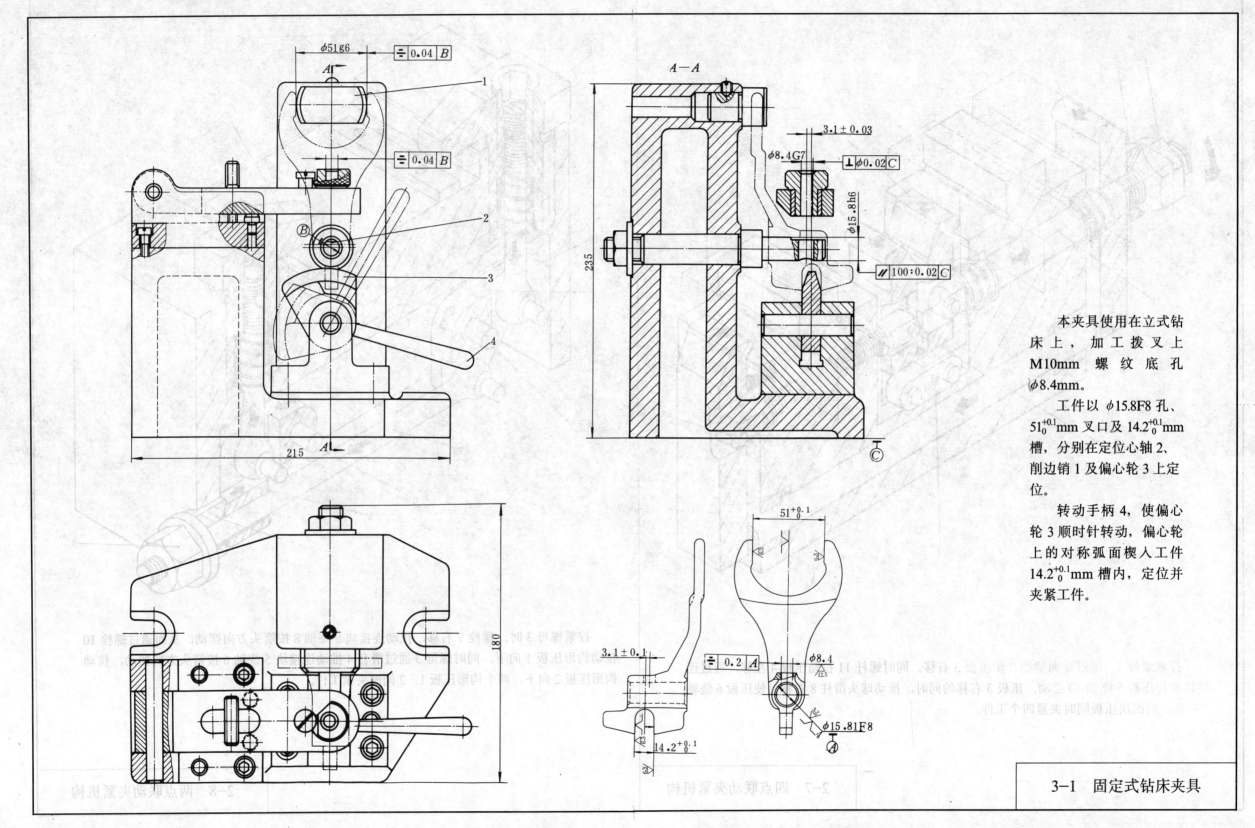

本夹具使用在立式钻床上，加工拨叉上 M10mm 螺纹底孔 $\phi 8.4$mm。

工件以 $\phi 15.8$F8 孔、$51_0^{+0.1}$mm 叉口及 $14.2_0^{+0.1}$mm 槽，分别在定位心轴 2、削边销 1 及偏心轮 3 上定位。

转动手柄 4，使偏心轮 3 顺时针转动，偏心轮上的对称弧面楔入工件 $14.2_0^{+0.1}$mm 槽内，定位并夹紧工件。

3—1 固定式钻床夹具

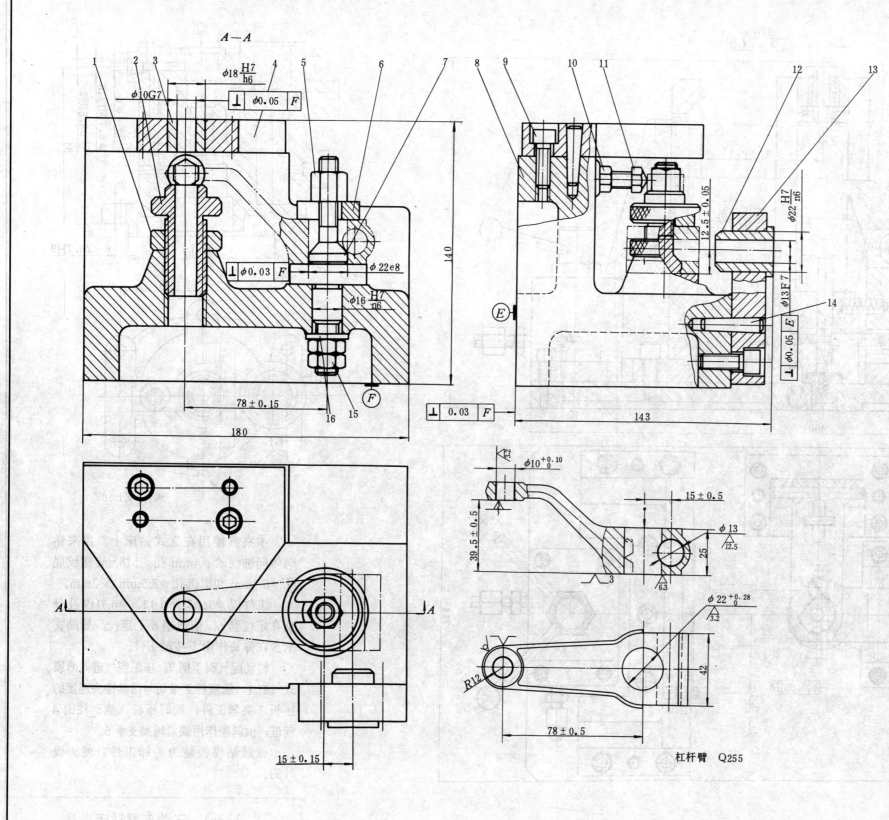

本夹具使用在立式钻床上，加工杠杆臂上两个相互垂直的 $\phi10^{+0.1}_{0}$ mm、$\phi13$ mm 孔。

工件以 $\phi22^{+0.28}_{0}$ mm 孔及其端面、$R12$ mm 圆弧面分别在台阶定位销 7、支承钉 11 上定位。钻 $\phi10^{+0.1}_{0}$ mm 孔时工件为悬臂，为防止工件加工时变形，采用了螺旋辅助支承 2，当辅助支承 2 与工件接触后，用螺母 1 锁紧。

钻完一个孔后，翻转 90°再钻削另一个孔。此夹具适合中小批生产。

杠杆臂 Q255

序号	名称	数量	材料	备注
16	垫圈 12—100HV	1	Q235	GB95—85
15	六角螺母 M12	2	45	GB6172—86
14	圆锥销 6×30	4	35	GB117—86
13	钻模板	1	45	
12	钻套 B13F7×32	1	T8	GB2262—80
11	可调支承钉 M8×35	1	45	GB2227—80
10	锁紧螺母 M8	1	45	GB6184—86
9	螺钉 M8×25	4	35	GB70—85
8	夹具体	1	HT200	时效处理
7	定位销	1	20	渗碳深度 0.8~1.2mm HRC55~60
6	开口垫圈 10—40	1	45	GB851—88
5	夹紧螺母 M10	1	45	GB56—88
4	钻模板	1	45	
3	钻套 10G7	1	T8	GB2262—80
2	螺旋辅助支承 M22	1	45	
1	锁紧螺母 M22	1	45	

3—2 翻转式钻床夹具

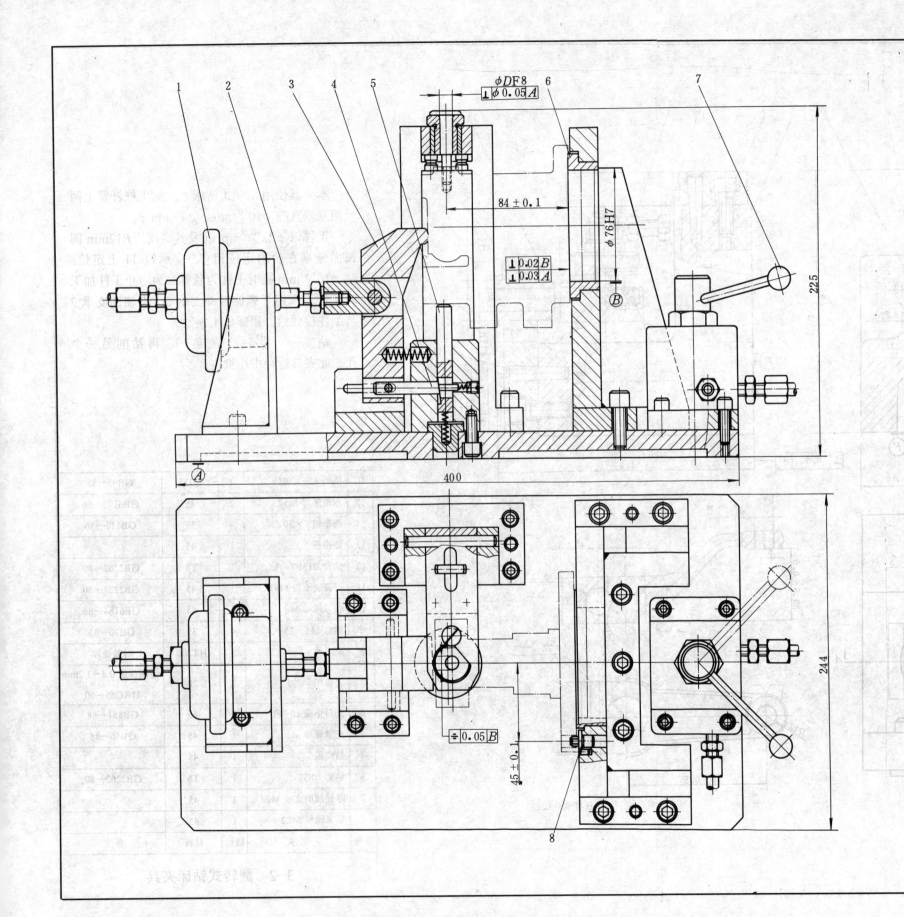

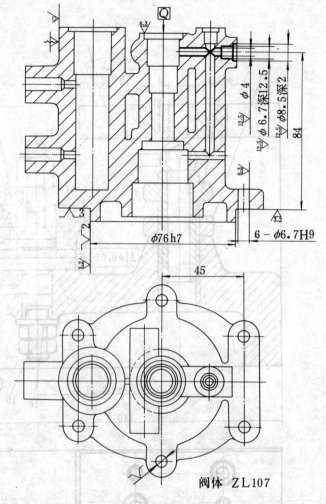

$\phi DF8$
$\perp | \phi 0.05 | A$

84 ± 0.1

$\phi 76H7$

$\perp | 0.02 | B$
$\perp | 0.03 | A$

22.5

400

244

45 ± 0.1

$= | 0.05 | B$

1 2 3 4 5 6 7

8

$\phi 4$
$\phi 6.7深12.5$
$\phi 8.5深2$
84

$\phi 76h7$

$6 - \phi 6.7H9$

45

阀体 ZL107

本夹具使用在立式钻床上，用来钻阀体同轴线的 $\phi 4mm$ 孔、$M8mm$ 螺纹底孔 $\phi 6.7mm$ 和锪沉孔 $\phi 8.5mm$ 深 $2mm$。

工件以 $\phi 76h7$ 外止口、$\phi 6.7H9$ 孔分别在定位套 6、削边销 8 上定位。辅助支承 5 在弹簧作用下接触工件。

转动配气阀手柄 7，压缩空气进入薄膜式气缸 1，活塞杆 2 推动与活动接头连接的压板 3 夹紧工件，同时压板 3 推动柱销 4 前进，由斜楔作用锁紧辅助支承 5。

铰链钻模板是为装卸工件方便而设计的。

3-3a) 气动夹紧钻床夹具

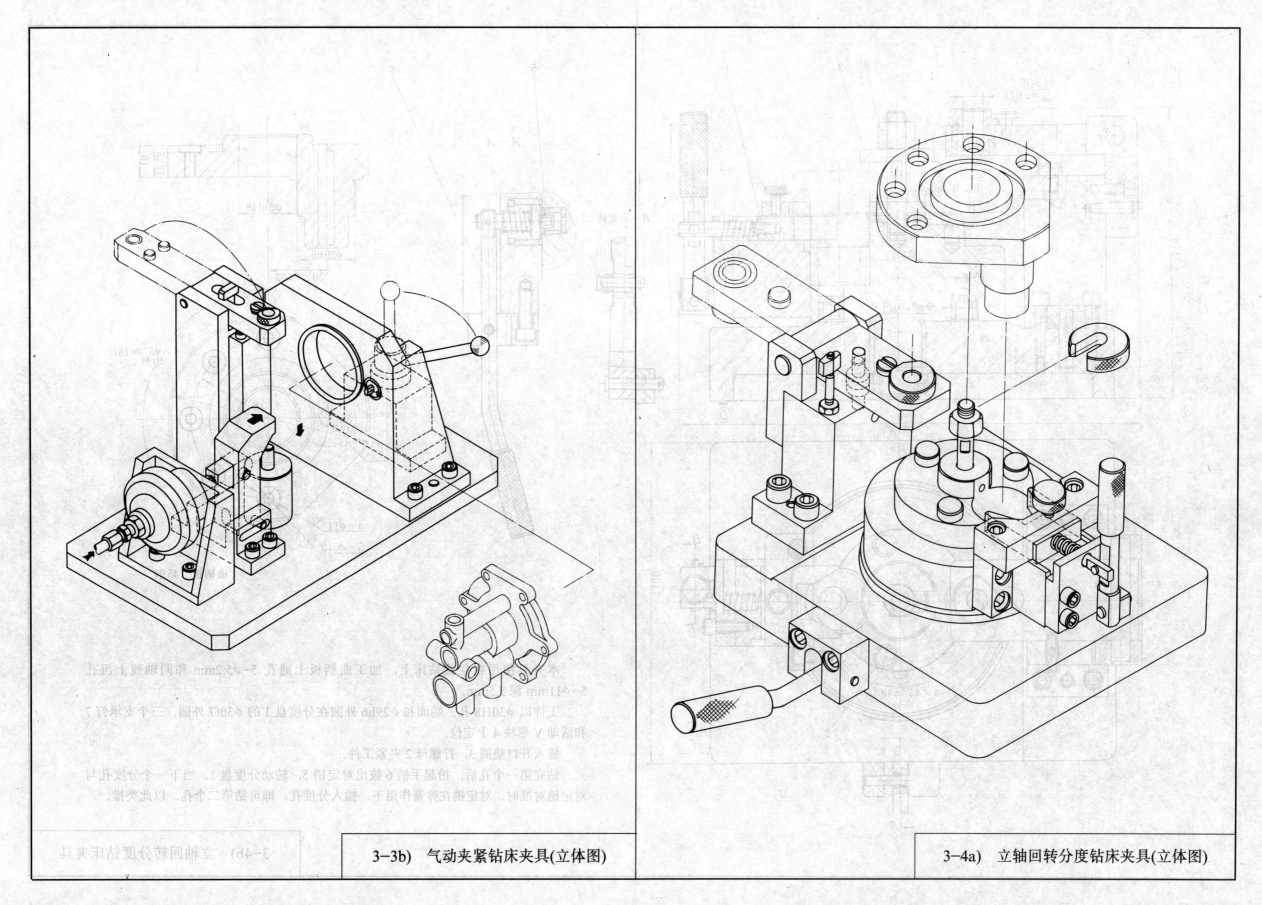

3-3b)　气动夹紧钻床夹具(立体图)

3-4a)　立轴回转分度钻床夹具(立体图)

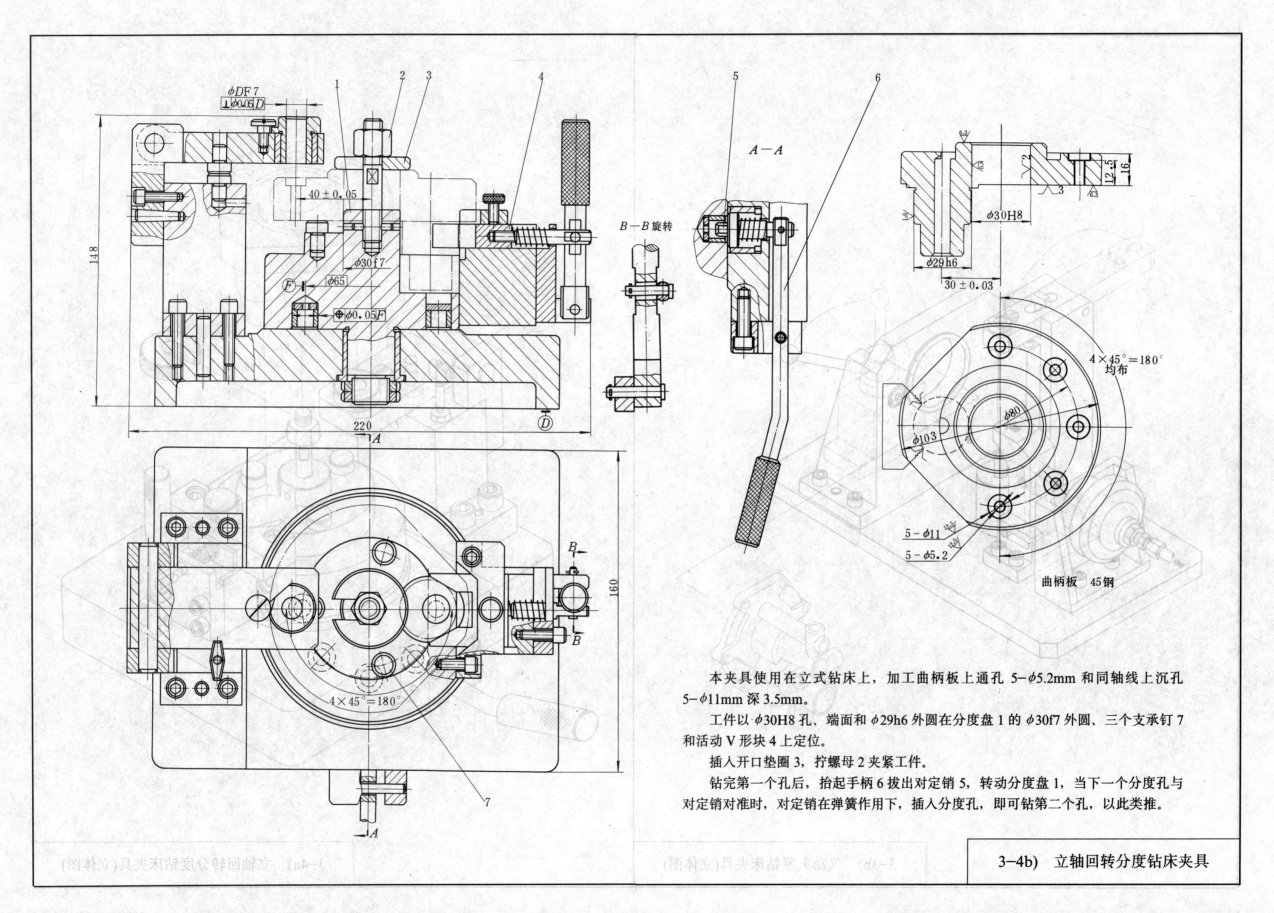

$\phi DF7$
$\perp | \phi 0.05 | D$

40 ± 0.05

$\phi 30f7$

$\phi 65$

F

$\phi 0.05 | F$

148

220

A

D

$B-B$ 旋转

$A-A$

B

B

160

A

A

$4 \times 45° = 180°$

7

$\phi 30H8$

$\phi 29h6$

30 ± 0.03

$\phi 80$

$\phi 103$

$4 \times 45° = 180°$
均布

$5-\phi 11$

$5-\phi 5.2$

曲柄板 45钢

12.5 16

本夹具使用在立式钻床上，加工曲柄板上通孔 $5-\phi 5.2$mm 和同轴线上沉孔 $5-\phi 11$mm 深 3.5mm。

工件以 $\phi 30H8$ 孔、端面和 $\phi 29h6$ 外圆在分度盘 1 的 $\phi 30f7$ 外圆、三个支承钉 7 和活动 V 形块 4 上定位。

插入开口垫圈 3，拧螺母 2 夹紧工件。

钻完第一个孔后，抬起手柄 6 拔出对定销 5，转动分度盘 1，当下一个分度孔与对定销对准时，对定销在弹簧作用下，插入分度孔，即可钻第二个孔，以此类推。

3-4b) 立轴回转分度钻床夹具

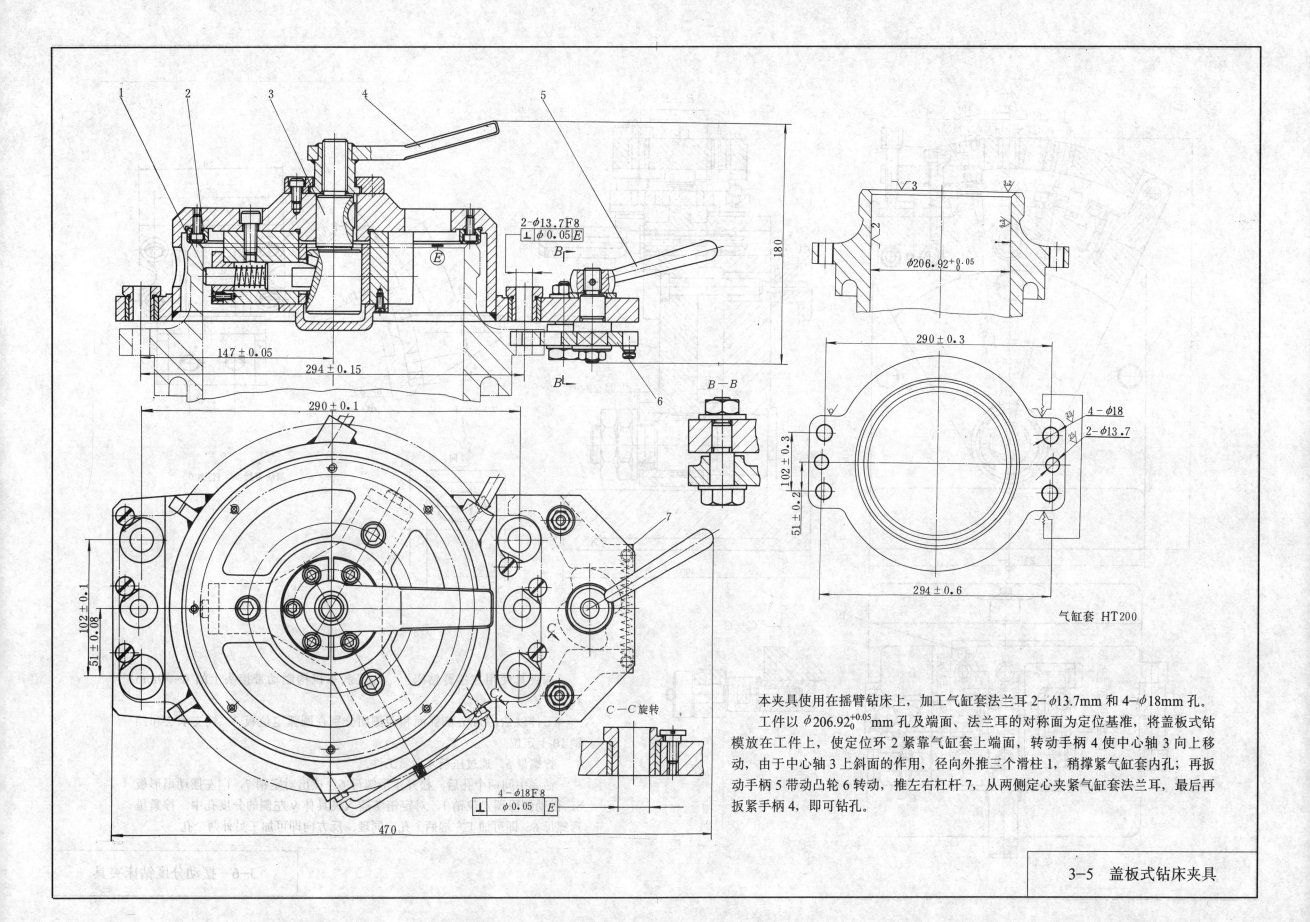

2-ϕ13.7F8
$\perp$ $\boxed{\phi 0.05}$ E

ϕ206.92$^{+0.05}_{0}$

290±0.3

102±0.3
51±0.2

294±0.6

4-ϕ18
2-ϕ13.7

气缸套 HT200

180

147±0.05
294±0.15
290±0.1

102±0.1
51±0.08

470

B—B

C—C 旋转

4-ϕ18F8
$\perp$ $\boxed{\phi 0.05}$ E

本夹具使用在摇臂钻床上，加工气缸套法兰耳 2-ϕ13.7mm 和 4-ϕ18mm 孔。

工件以 ϕ206.92$^{+0.05}_{0}$mm 孔及端面、法兰耳的对称面为定位基准，将盖板式钻模放在工件上，使定位环 2 紧靠气缸套上端面，转动手柄 4 使中心轴 3 向上移动，由于中心轴 3 上斜面的作用，径向外推三个滑柱 1，稍撑紧气缸套内孔；再扳动手柄 5 带动凸轮 6 转动，推左右杠杆 7，从两侧定心夹紧气缸套法兰耳，最后再扳紧手柄 4，即可钻孔。

3—5 盖板式钻床夹具

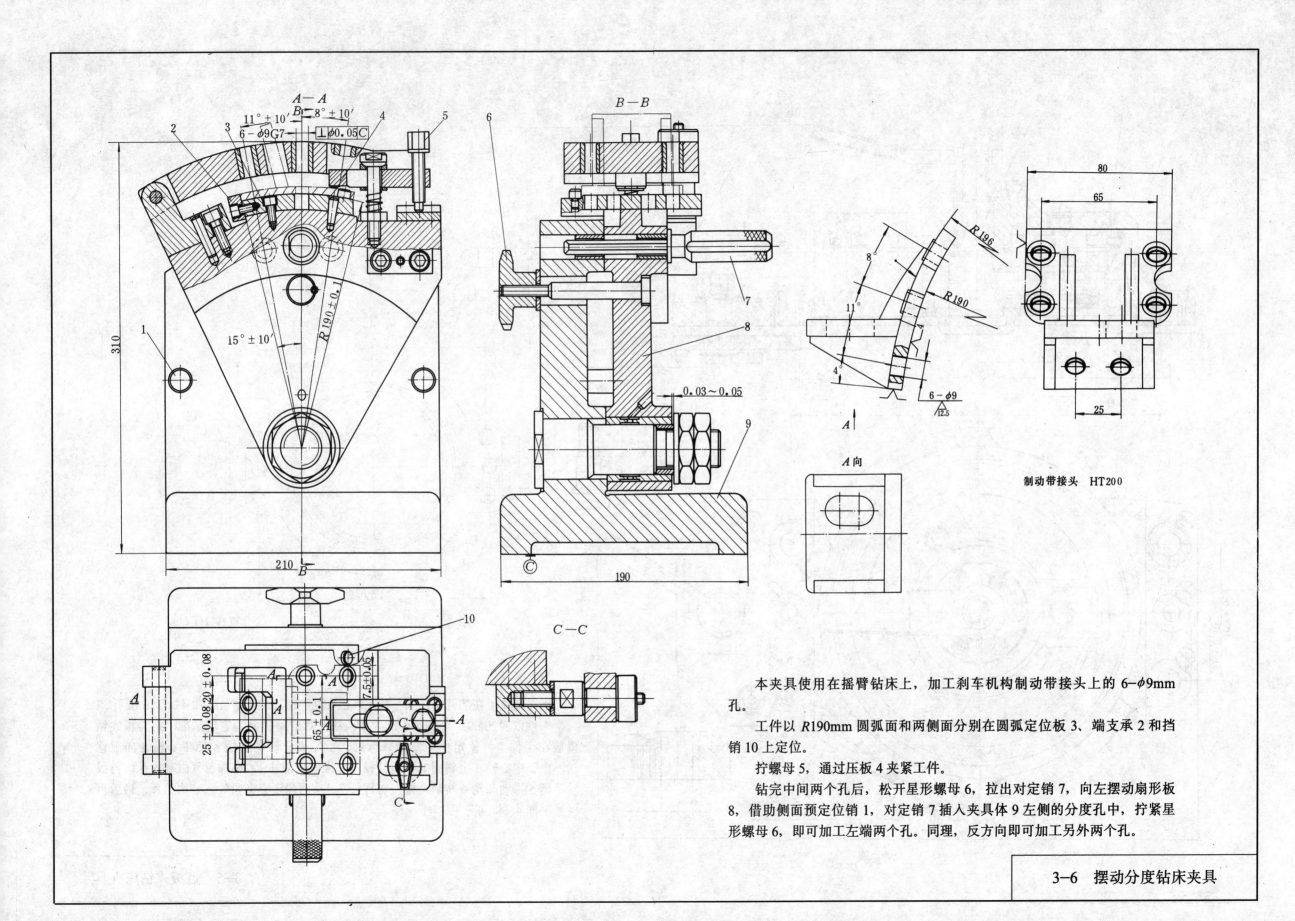

本夹具使用在摇臂钻床上，加工刹车机构制动带接头上的6-ϕ9mm孔。

工件以 R190mm 圆弧面和两侧面分别在圆弧定位板3、端支承2和挡销10上定位。

拧螺母5，通过压板4夹紧工件。

钻完中间两个孔后，松开星形螺母6，拉出对定销7，向左摆动扇形板8，借助侧面预定位销1，对定销7插入夹具体9左侧的分度孔中，拧紧星形螺母6，即可加工左端两个孔。同理，反方向即可加工另外两个孔。

3-6 摆动分度钻床夹具

制动带接头 HT200

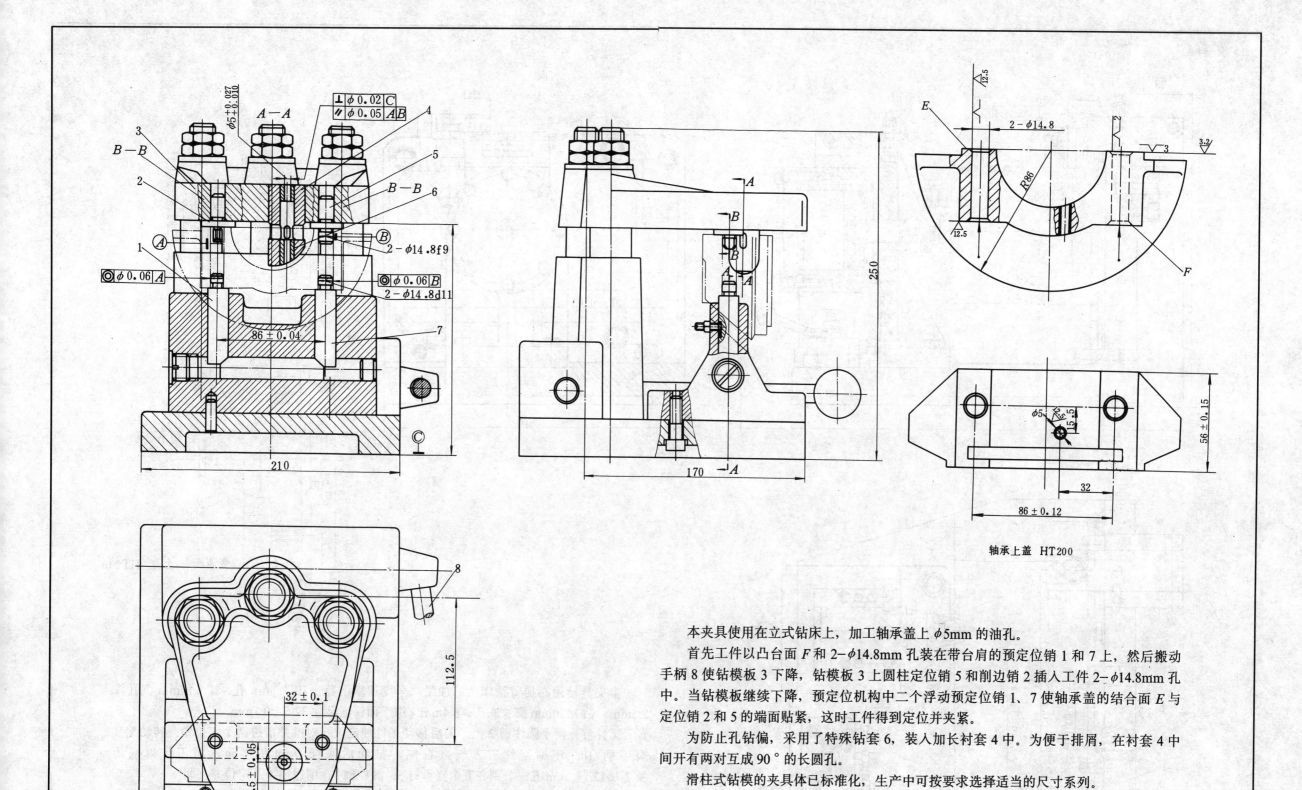

φ5⁺⁰·⁰²⁷₊₀.₀₁₀

A—A

B—B

3

2

1

⊚ φ0.06 A

| ⊥ | φ0.02 | C |
| // | φ0.05 | A B |

4

5

B—B

6

2−φ14.8 f9

⊚ φ0.06 B
2−φ14.8 d11

86±0.04

7

210

112.5

32±0.1

15.5±0.05

8

12.5

E

2−φ14.8

3.2

R86

2

3

12.5

F

170

A

250

56±0.15

φ5⁺⁰·⁵₊₀

15.5

32

86±0.12

轴承上盖 HT200

本夹具使用在立式钻床上，加工轴承盖上 φ5mm 的油孔。

首先工件以凸台面 F 和 2−φ14.8mm 孔装在带台肩的预定位销 1 和 7 上，然后搬动手柄 8 使钻模板 3 下降，钻模板 3 上圆柱定位销 5 和削边销 2 插入工件 2−φ14.8mm 孔中。当钻模板继续下降，预定位机构中二个浮动预定位销 1、7 使轴承盖的结合面 E 与定位销 2 和 5 的端面贴紧，这时工件得到定位并夹紧。

为防止孔钻偏，采用了特殊钻套 6，装入加长衬套 4 中。为便于排屑，在衬套 4 中间开有两对互成 90°的长圆孔。

滑柱式钻模的夹具体已标准化，生产中可按要求选择适当的尺寸系列。

3−7 滑柱式钻床夹具

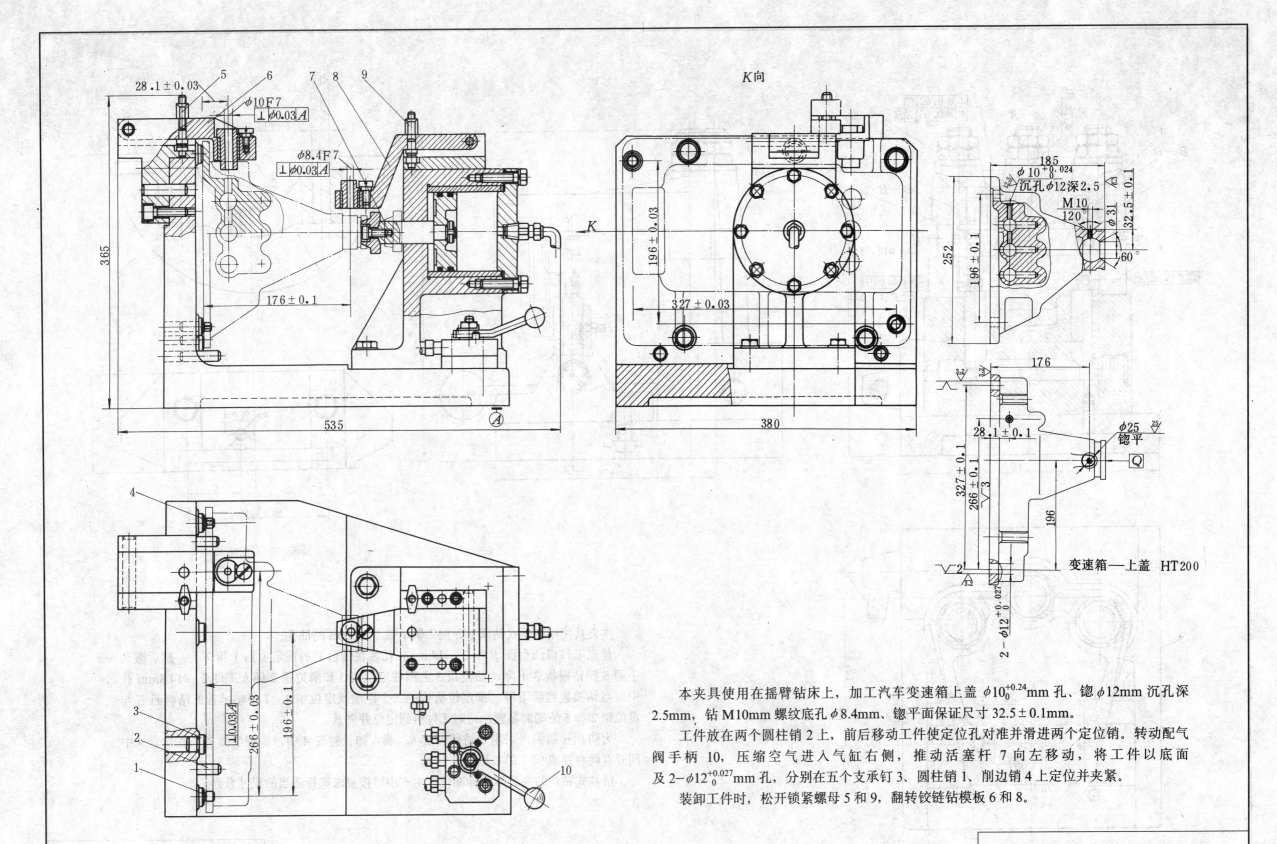

K向

28.1±0.03 5 6 7 8 9

$\phi 10F7$
$\perp \phi 0.03 A$

$\phi 8.4F7$
$\perp \phi 0.03 A$

365

176±0.1

535

380

4

3

2

1

266±0.03

196±0.1

$\perp \phi 0.03 A$

10

$\phi 10^{+0.024}_{0}$
沉孔$\phi 12$深2.5

M10
120°

185

252

196±0.1

$\phi 31$

32.5±0.1

60°

327±0.03

196±0.03

327±0.1

266±0.1

28.1±0.1

176

196

$\phi 25$
锪平
Q

$2-\phi 12^{+0.027}_{0}$

变速箱—上盖 HT200

本夹具使用在摇臂钻床上，加工汽车变速箱上盖 $\phi 10^{+0.24}_{0}$mm 孔、锪 $\phi 12$mm 沉孔深 2.5mm，钻 M10mm 螺纹底孔 $\phi 8.4$mm、锪平面保证尺寸 32.5±0.1mm。

工件放在两个圆柱销 2 上，前后移动工件使定位孔对准并滑进两个定位销。转动配气阀手柄 10，压缩空气进入气缸右侧，推动活塞杆 7 向左移动，将工件以底面及 $2-\phi 12^{+0.027}_{0}$mm 孔，分别在五个支承钉 3、圆柱销 1、削边销 4 上定位并夹紧。

装卸工件时，松开锁紧螺母 5 和 9，翻转铰链钻模板 6 和 8。

3-8a) 铰链式钻模板钻床夹具

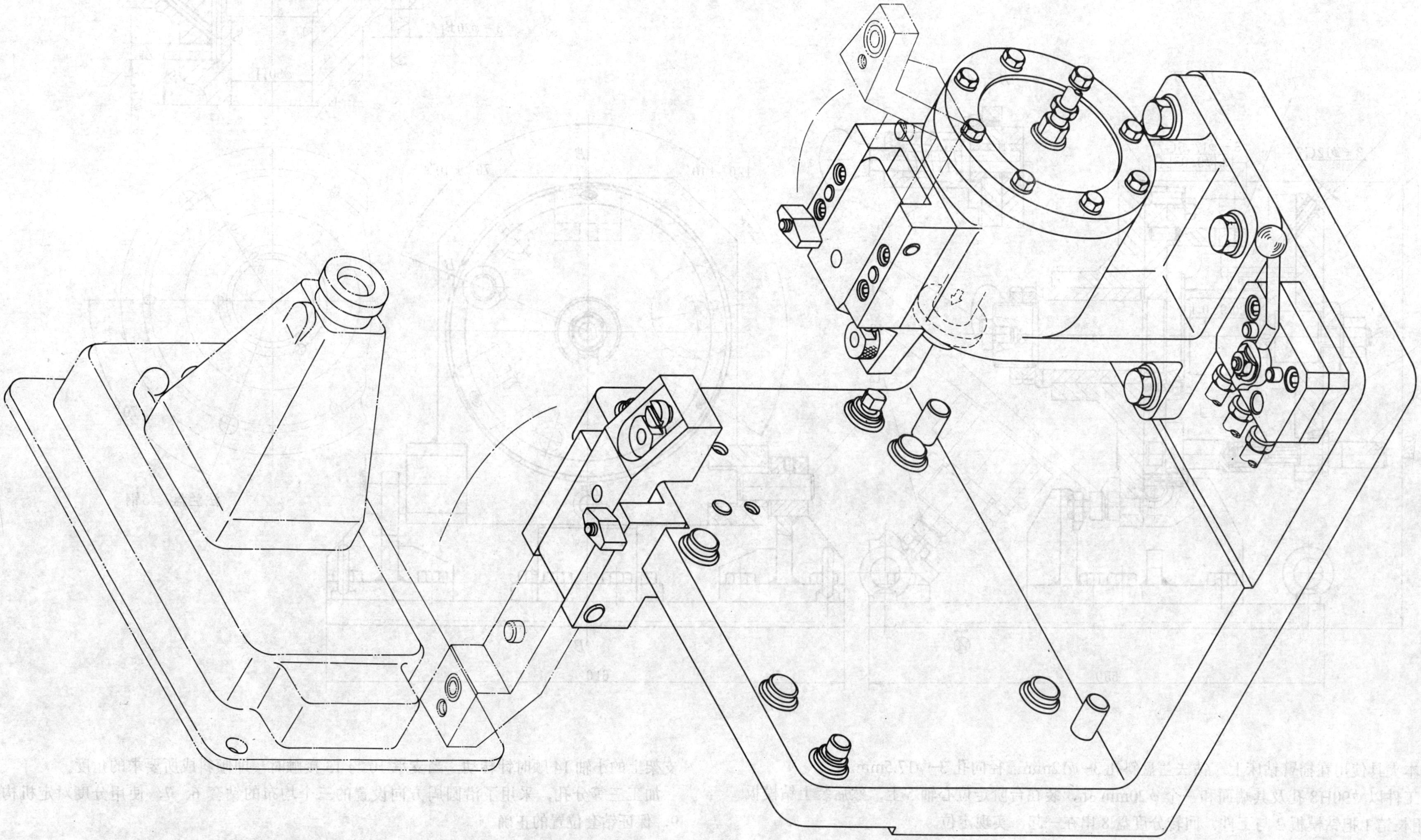

3-8b) 铰链式钻模板钻床夹具(立体图)

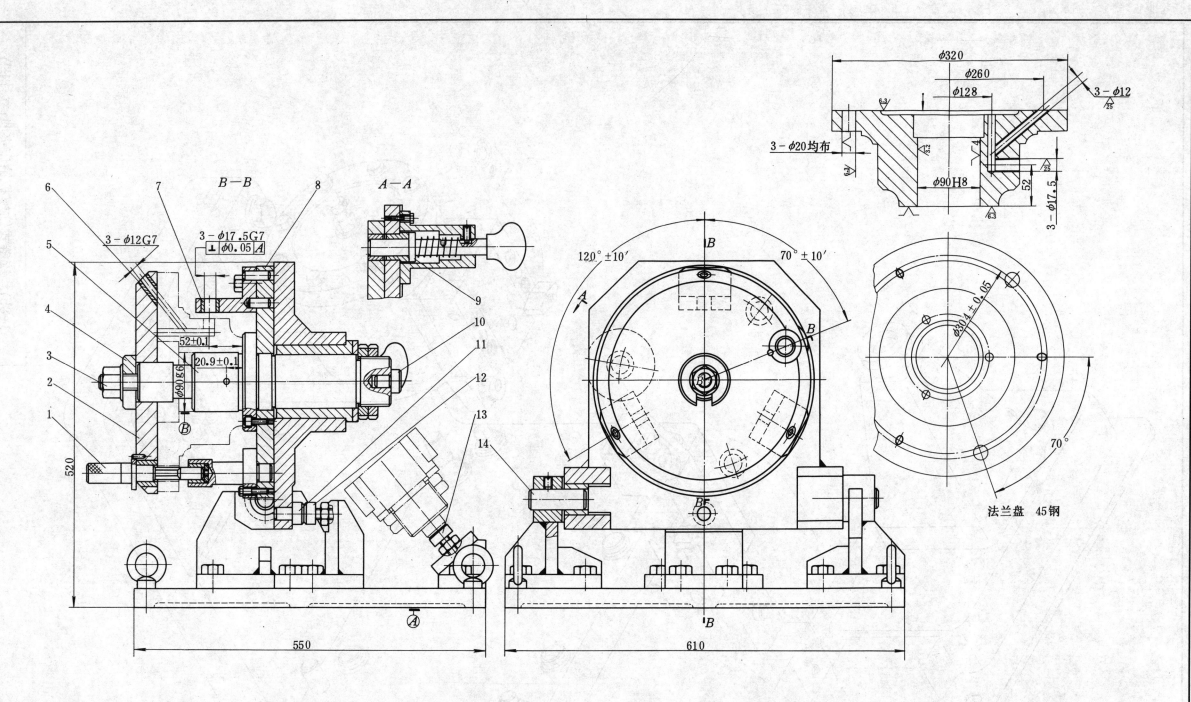

本夹具使用在摇臂钻床上，钻法兰盘斜孔 3-ϕ12mm、径向孔 3-ϕ17.5mm。

工件以 ϕ90H8 孔及其端面和一个 ϕ20mm 孔，装在台阶定位心轴 5 上，然后装上钻模板 2，用长销 1 把钻模板 2 与工件、回转分度盘 8 串在一起，实现定位。

插入开口垫圈 4，拧螺母 3 夹紧工件。

钻径向孔时，由支承 11、12 使定位心轴 5 处于水平位置，钻斜孔时，摆动部分绕

支架上的小轴 14 顺时针转动，当支承 10 与 13 接触时，即倾斜成所要求的角度。

加工三等分孔，采用了沿圆周方向设置的三个均布的钻套 6、7，使用分度对定机构 9，保证钻套位置的正确。

该夹具既可钻径向孔，又可钻斜孔，结构不太复杂，操作较省力。

3-9a) 卧、斜轴回转分度钻床夹具

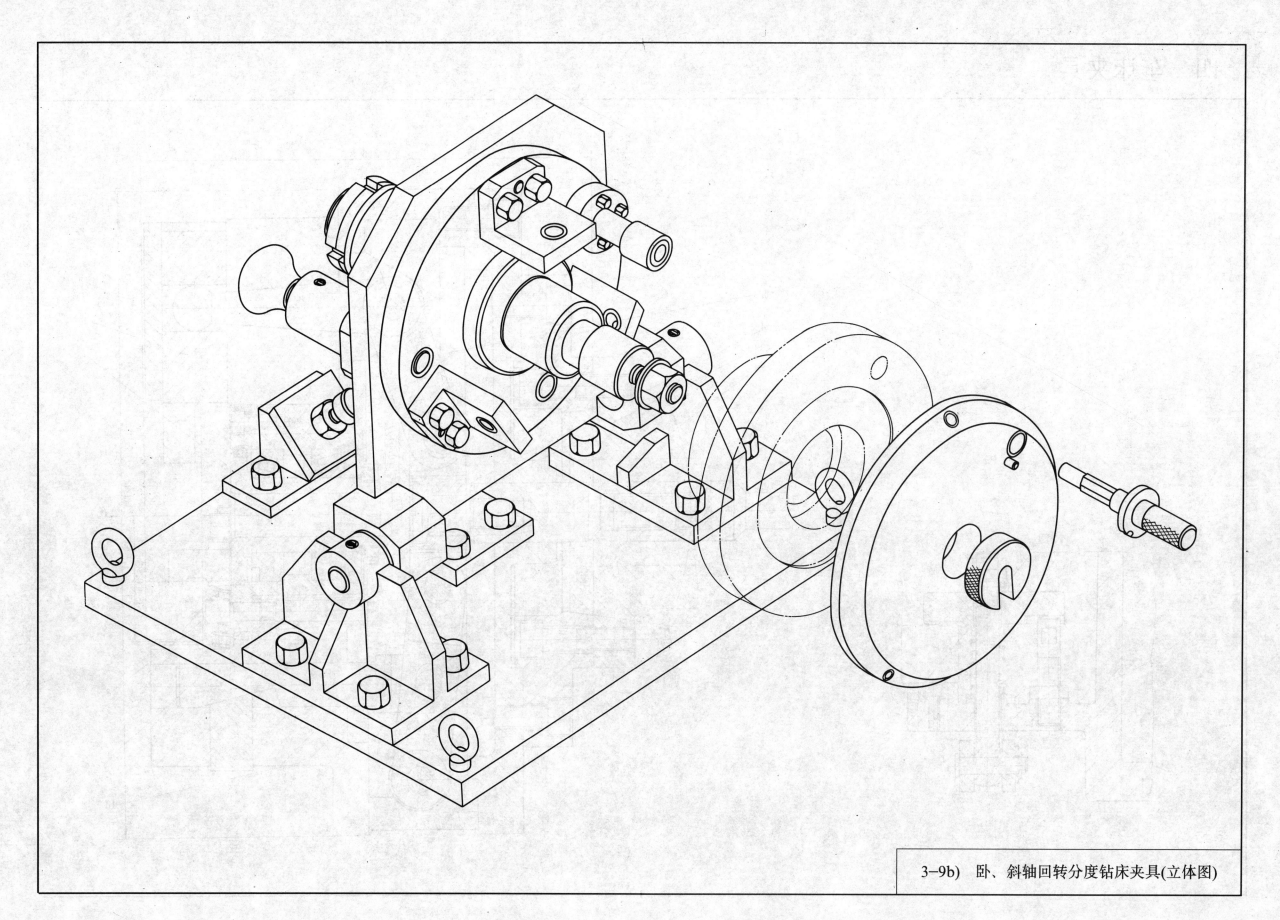

3-9b) 卧、斜轴回转分度钻床夹具(立体图)

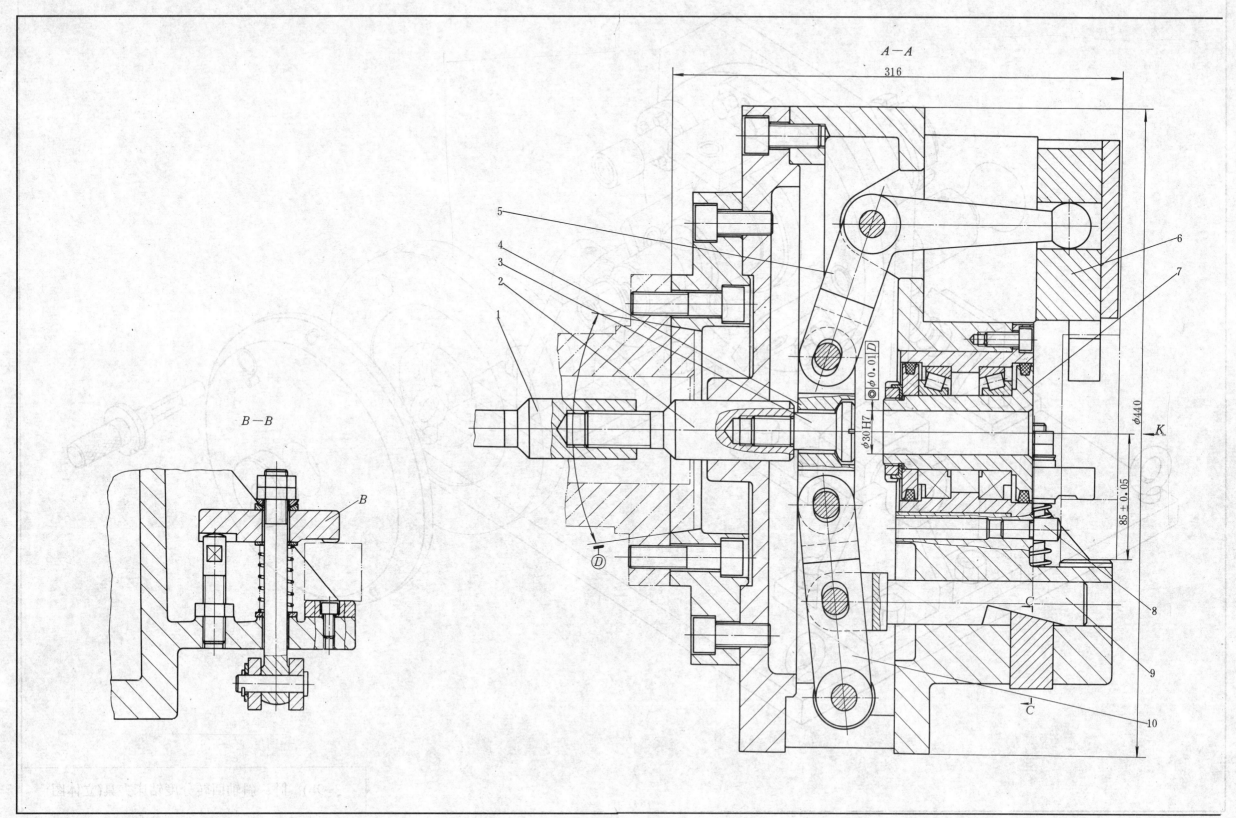

$A-A$

316

$B-B$

$\phi30H7$

$\phi440$

$85+0.05$

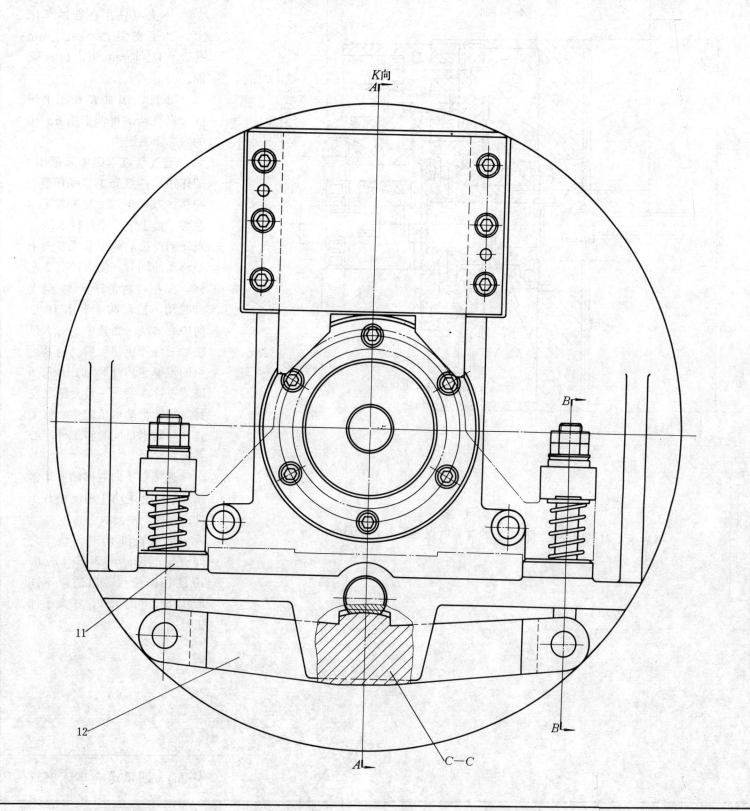

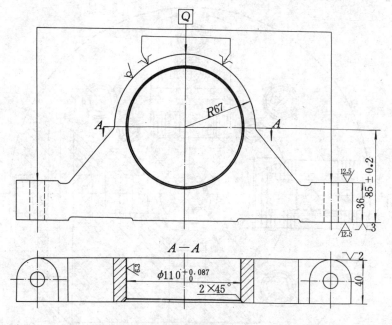

发动机前支座 HT200

本夹具用于六角车床上镗发动机前支座的 $\phi 110^{+0.087}_{0}$ mm 孔。

工件以底面、侧面和半圆弧面在两块定位板 11、两个定位销 8 和活动 V 形块 6 上定位。气缸活塞杆通过拉杆接头 1、连杆 2 和螺钉 3 将耳环板 4 向左拉动时，拨杆 5 右端的球头便拨动活动 V 形块 6 将工件径向定位。与此同时，摇臂 10 带动拉杆 9 通过斜面将摇板 12 向下压，摇板 12 两端螺旋压板 13 将工件夹紧。刀具前导向套 7 起增加刀具刚性的作用，有利于保证加工质量和提高切削用量。

4-1　角铁式车床夹具

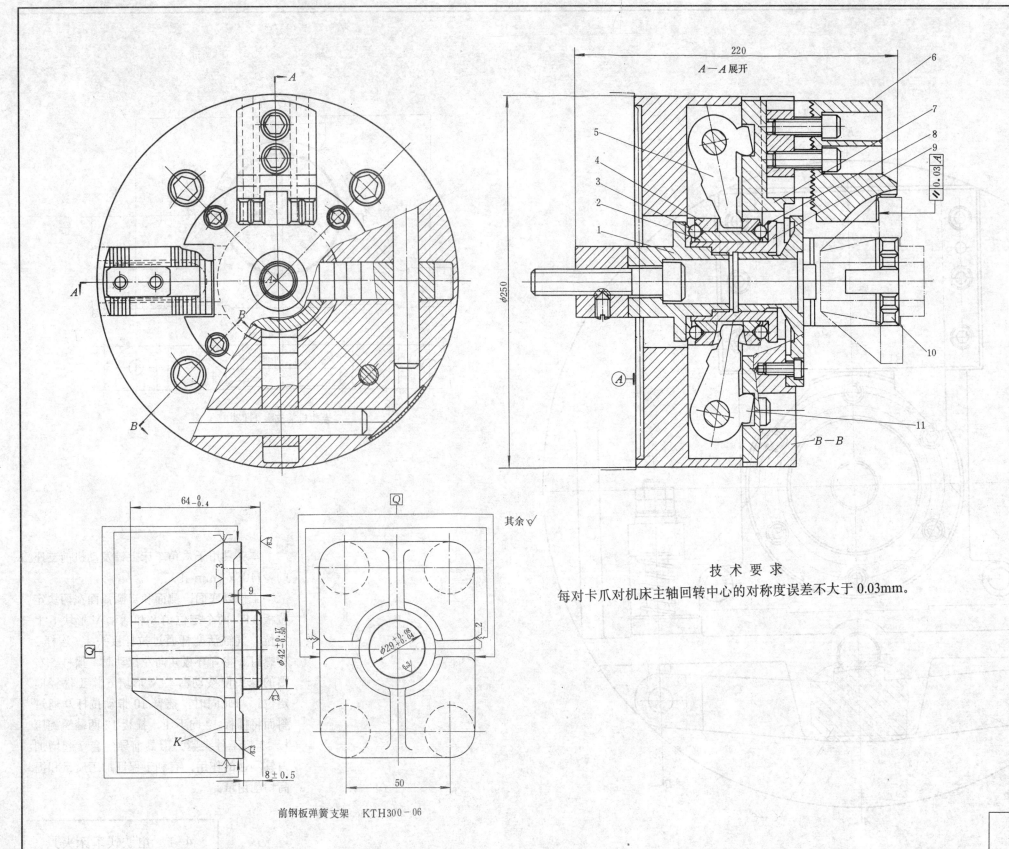

$A—A$ 展开

其余 ∇

技 术 要 求

每对卡爪对机床主轴回转中心的对称度误差不大于 0.03mm。

前钢板弹簧支架　KTH300－06

本夹具使用在普通车床上，加工支架上 $\phi 29^{+0.08}_{+0.04}$mm 孔，$\phi 42^{+0.17}_{-0.50}$mm 外止口和端面。

工件以端面 K 和四个侧面分别在两对可调卡爪 6、10 的内端面上定位。

通过气缸（图中未画出）的作用，连接套 1 带动压套 9 左移，推动钢球 8 使外锥套 4 左移，推上下两个杠杆 5 绕支点转动，拨动两个卡爪 6 向中心移动的同时，使内锥套 2 左移，推左右两个杠杆 11 绕支点转动，拨动两个卡爪 10 也向中心移动，当其中一对卡爪接触工件停止移动后，与其接触的锥套也停止移动，压套 9 继续左移，使另一锥套随之左移，继续带动卡爪向中心移动直至两对卡爪同时将工件定心并夹紧。

连接套 1 向右移动推动钢球 3，与上述动作相反松开工件。

卡爪 6 和 10 与滑块 7 之间有锯形齿，可调节卡爪 6、10 的径向位置，以适应不同形状和尺寸的工件，扩大了加工范围。

4－2a)　四爪定心车床夹具

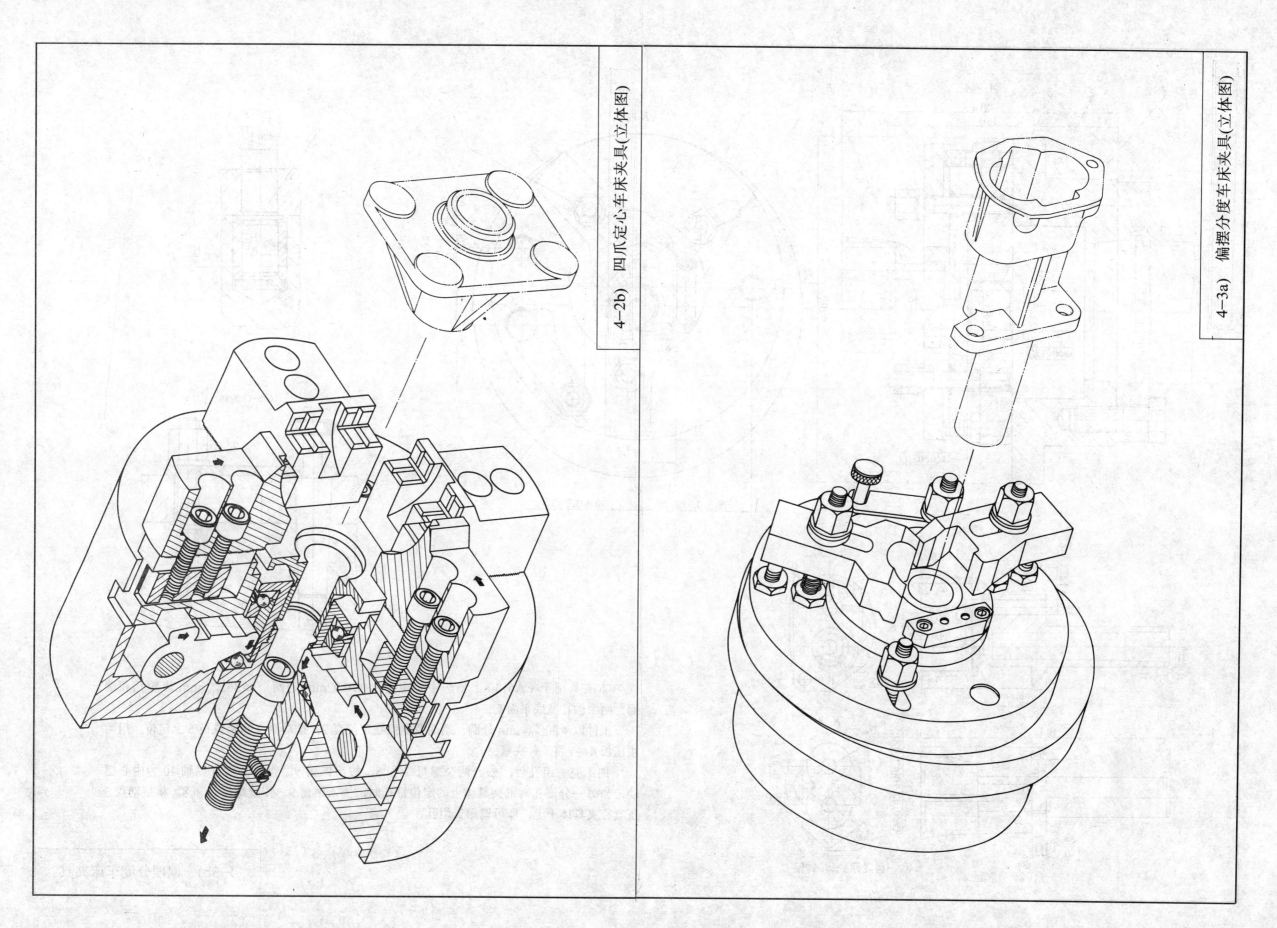

4-2b) 四爪定心车床夹具(立体图)

4-3a) 偏摆分度车床夹具(立体图)

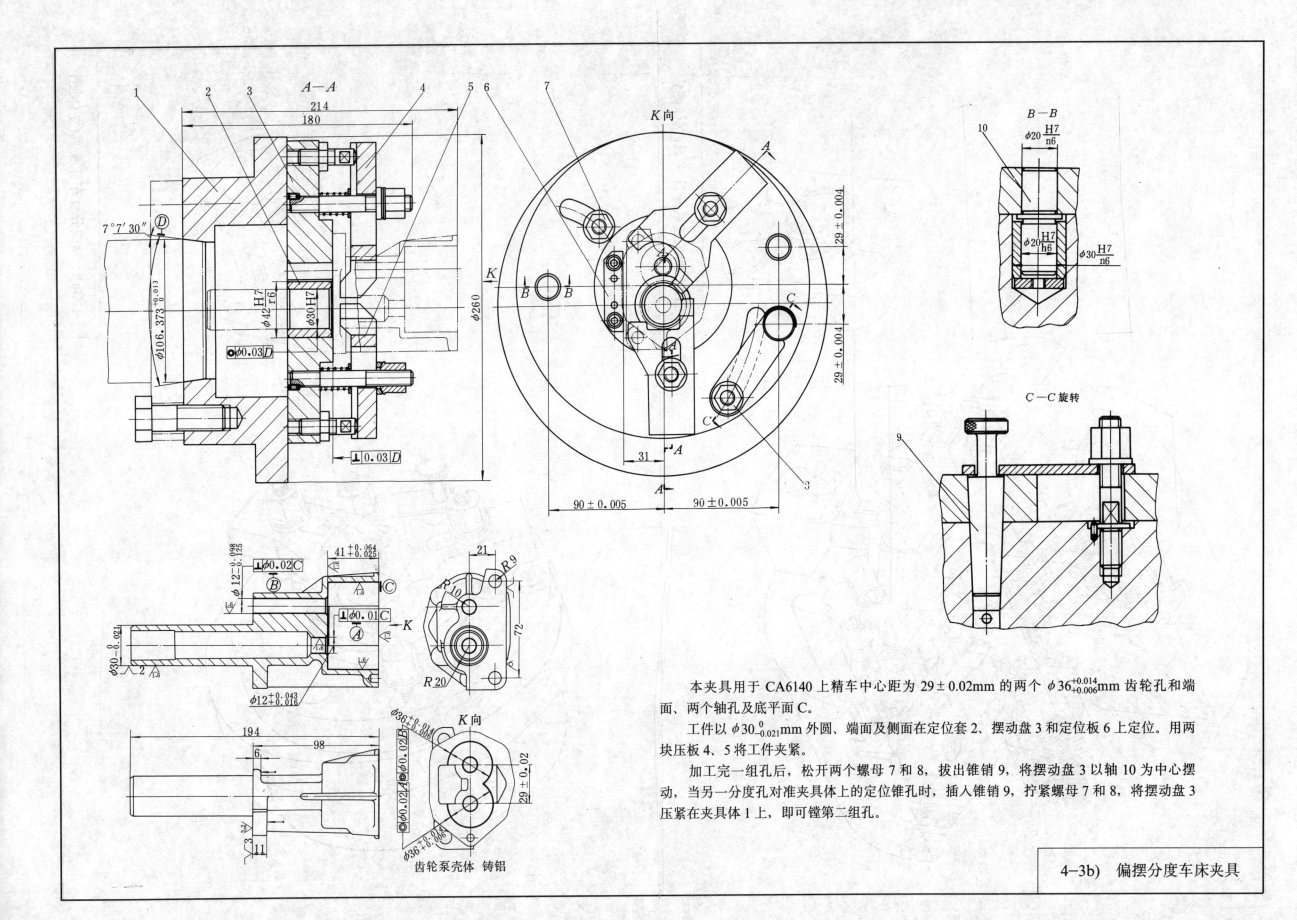

本夹具用于 CA6140 上精车中心距为 29 ± 0.02 mm 的两个 $\phi 36^{+0.014}_{+0.006}$ mm 齿轮孔和端面、两个轴孔及底平面 C。

工件以 $\phi 30^{0}_{-0.021}$ mm 外圆、端面及侧面在定位套 2、摆动盘 3 和定位板 6 上定位。用两块压板 4、5 将工件夹紧。

加工完一组孔后，松开两个螺母 7 和 8，拔出锥销 9，将摆动盘 3 以轴 10 为中心摆动，当另一分度孔对准夹具体上的定位锥孔时，插入锥销 9，拧紧螺母 7 和 8，将摆动盘 3 压紧在夹具体 1 上，即可镗第二组孔。

齿轮泵壳体　铸铝

4-3b)　偏摆分度车床夹具

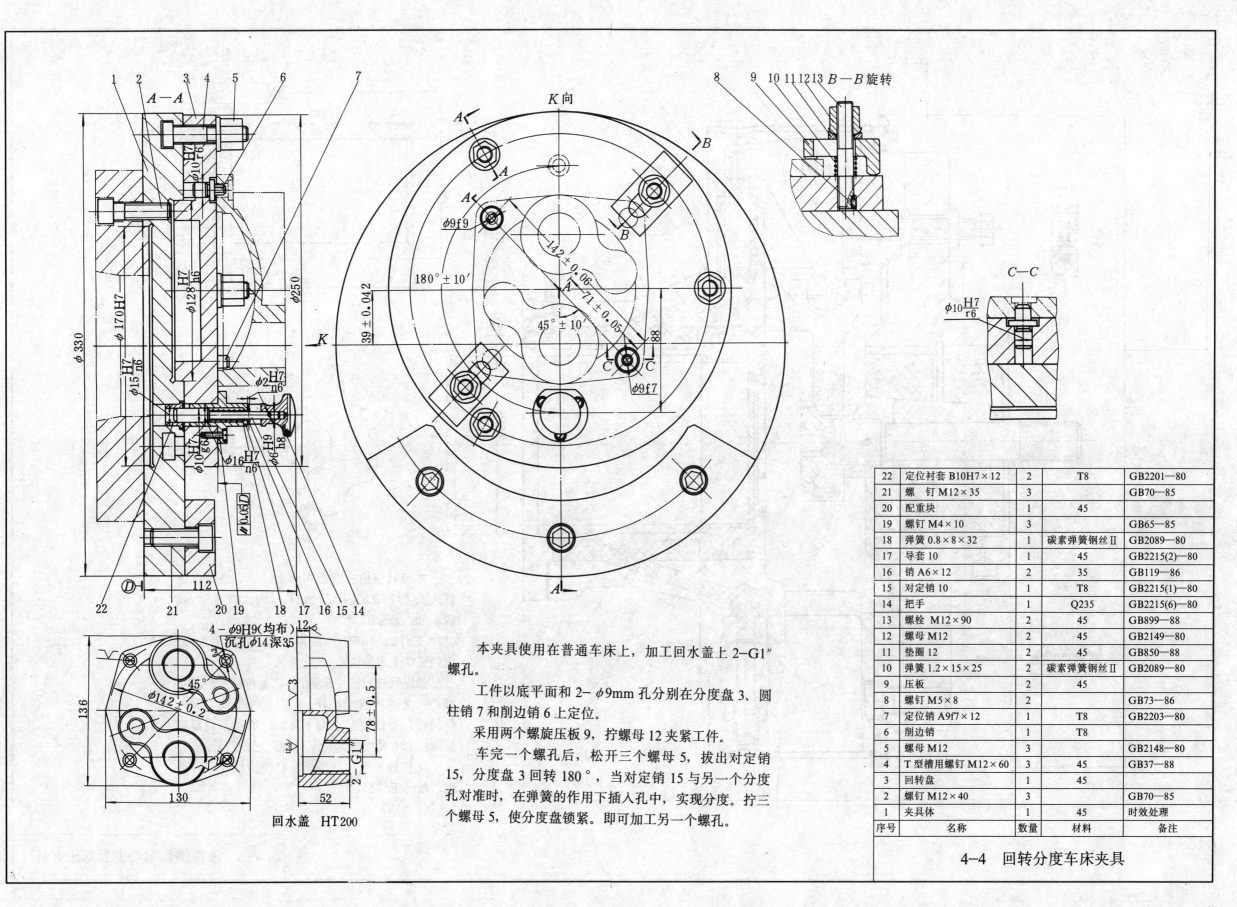

本夹具使用在普通车床上,加工回水盖上 2-G1″螺孔。

工件以底平面和 2-φ9mm 孔分别在分度盘 3、圆柱销 7 和削边销 6 上定位。

采用两个螺旋压板 9,拧螺母 12 夹紧工件。

车完一个螺孔后,松开三个螺母 5,拔出对定销 15,分度盘 3 回转 180°,当对定销 15 与另一个分度孔对准时,在弹簧的作用下插入孔中,实现分度。拧三个螺母 5,使分度盘锁紧。即可加工另一个螺孔。

回水盖 HT200

序号	名称	数量	材料	备注
22	定位衬套 B10H7×12	2	T8	GB2201—80
21	螺钉 M12×35	3		GB70—85
20	配重块	1	45	
19	螺钉 M4×10	3		GB65—85
18	弹簧 0.8×8×32	1	碳素弹簧钢丝Ⅱ	GB2089—80
17	导套 10	1	45	GB2215(2)—80
16	销 A6×12	2	35	GB119—86
15	对定销 10	1	T8	GB2215(1)—80
14	把手	1	Q235	GB2215(6)—80
13	螺栓 M12×90	2	45	GB899—88
12	螺母 M12	2	45	GB2149—80
11	垫圈 12	2	45	GB850—88
10	弹簧 1.2×15×25	2	碳素弹簧钢丝Ⅱ	GB2089—80
9	压板	2	45	
8	螺钉 M5×8	2		GB73—86
7	定位销 A9f7×12	1	T8	GB2203—80
6	削边销	1	T8	
5	螺母 M12	3		GB2148—80
4	T型槽用螺钉 M12×60	3	45	GB37—88
3	回转盘	1	45	
2	螺钉 M12×40	3		GB70—85
1	夹具体	1	45	时效处理
序号	名称	数量	材料	备注

4-4 回转分度车床夹具

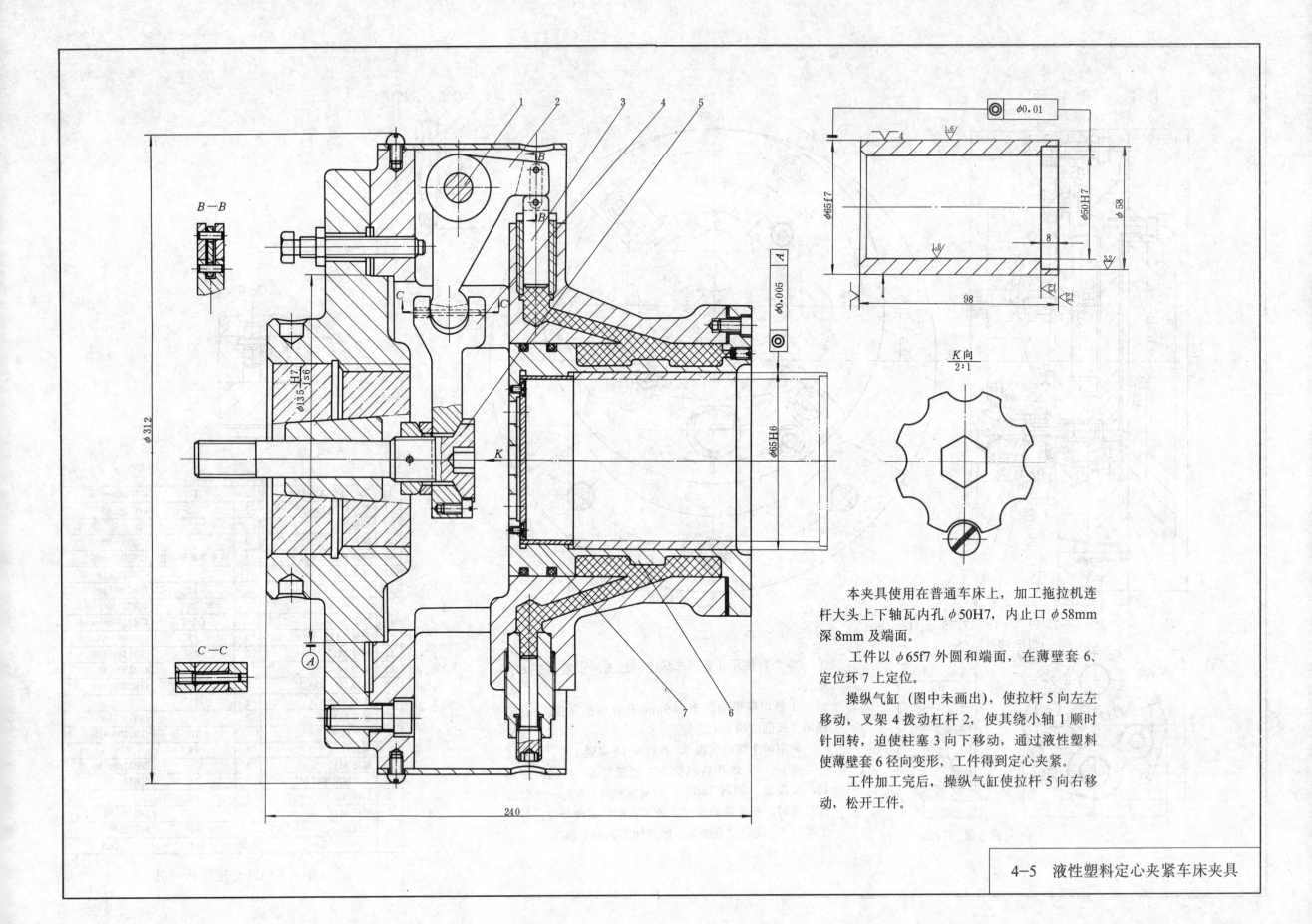

本夹具使用在普通车床上，加工拖拉机连杆大头上下轴瓦内孔 $\phi 50H7$，内止口 $\phi 58mm$ 深 8mm 及端面。

工件以 $\phi 65f7$ 外圆和端面，在薄壁套 6、定位环 7 上定位。

操纵气缸（图中未画出），使拉杆 5 向左左移动，叉架 4 拨动杠杆 2，使其绕小轴 1 顺时针回转，迫使柱塞 3 向下移动，通过液性塑料使薄壁套 6 径向变形，工件得到定心夹紧。

工件加工完后，操纵气缸使拉杆 5 向右移动，松开工件。

4-5 液性塑料定心夹紧车床夹具

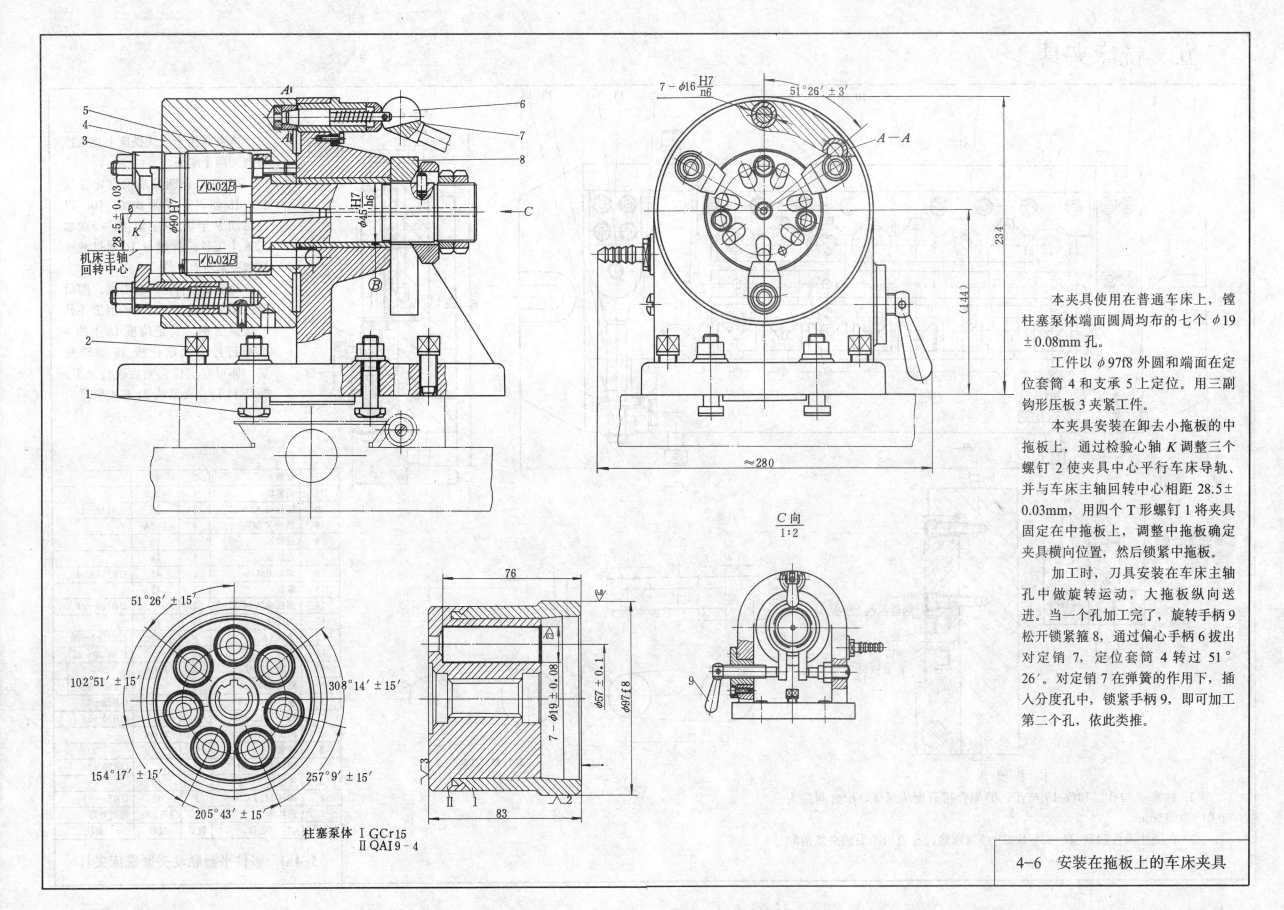

本夹具使用在普通车床上，镗柱塞泵体端面圆周均布的七个 $\phi 19 \pm 0.08$mm 孔。

工件以 $\phi 97f8$ 外圆和端面在定位套筒 4 和支承 5 上定位。用三副钩形压板 3 夹紧工件。

本夹具安装在卸去小拖板的中拖板上，通过检验心轴 K 调整三个螺钉 2 使夹具中心平行车床导轨、并与车床主轴回转中心相距 28.5 ± 0.03mm，用四个 T 形螺钉 1 将夹具固定在中拖板上，调整中拖板确定夹具横向位置，然后锁紧中拖板。

加工时，刀具安装在车床主轴孔中做旋转运动，大拖板纵向送进。当一个孔加工完了，旋转手柄 9 松开锁紧箍 8，通过偏心手柄 6 拨出对定销 7，定位套筒 4 转过 $51°26'$。对定销 7 在弹簧的作用下，插入分度孔中，锁紧手柄 9，即可加工第二个孔，依此类推。

柱塞泵体 I GCr15
II QAl9-4

4-6 安装在拖板上的车床夹具

五　铣床夹具

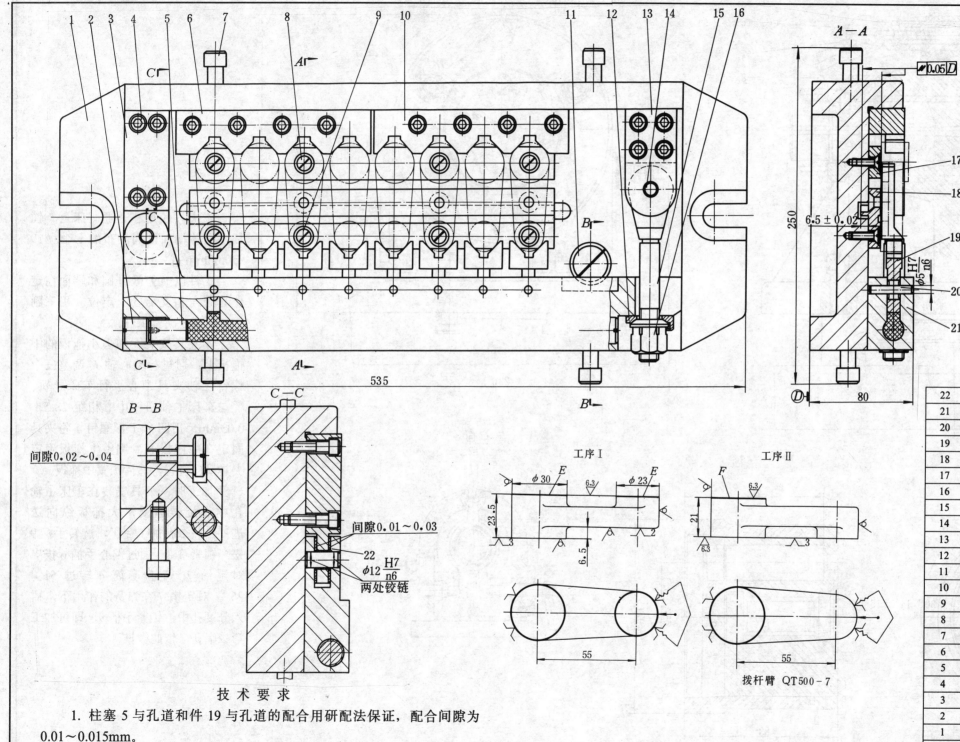

本夹具用于立式铣床上加工拨杆臂的两个端面。

工件以外圆及端面在定位板 17、18 和固定 V 形块 6、10、以及活动 V 形块 19 上定位。一次加工 8 个工件。拧螺母 16 通过液性塑料夹紧所有工件。

两道工序合用一套夹具，图示为铣削工件端面 F。当铣削工件另一端面 E 时，将定位板 18 上的 4 个螺钉拧下，定位板 18 翻转安装，即可在定位夹紧后进行加工。螺钉 11 防止夹紧块 21 在夹紧时抬起。

22	垫圈	2	45	
21	夹紧块	1	40Cr	
20	圆柱销 A5×35	8	35	GB119—86
19	活动 V 型块	8	T10A	
18	定位板	1	T8	
17	定位板	1	T8	
16	螺母 BM16	1	45	GB2149—80
15	螺杆	1	45	
14	圆柱销 A6×25	2	35	GB119—86
13	连接块	1	45	
12	垫圈 16	1	45	GB2167—80
11	螺钉	1	45	HRC30—35
10	固定 V 型块	1	T10A	
9	螺钉 M6×20	4		GB68—85
8	螺钉 M6×16	4		GB68—85
7	螺钉 M12×35			GB70—85
6	固定 V 型块	1	T10A	
5	柱塞	2	45	
4	螺钉 M8×30	16		GB70—85
3	连接块	1	45	
2	螺钉 M20×20	2	45	GB73—85
1	夹具体	1	HT200	时效处理
序号	名称	数量	材料	备注

技术要求

1. 柱塞 5 与孔道和件 19 与孔道的配合用研配法保证，配合间隙为 0.01～0.015mm。

2. 在浇注液性塑料前，夹紧块 21 必须预热，孔道内的毛刺必须清除干净。

5—1a)　多件平行联动夹紧铣床夹具

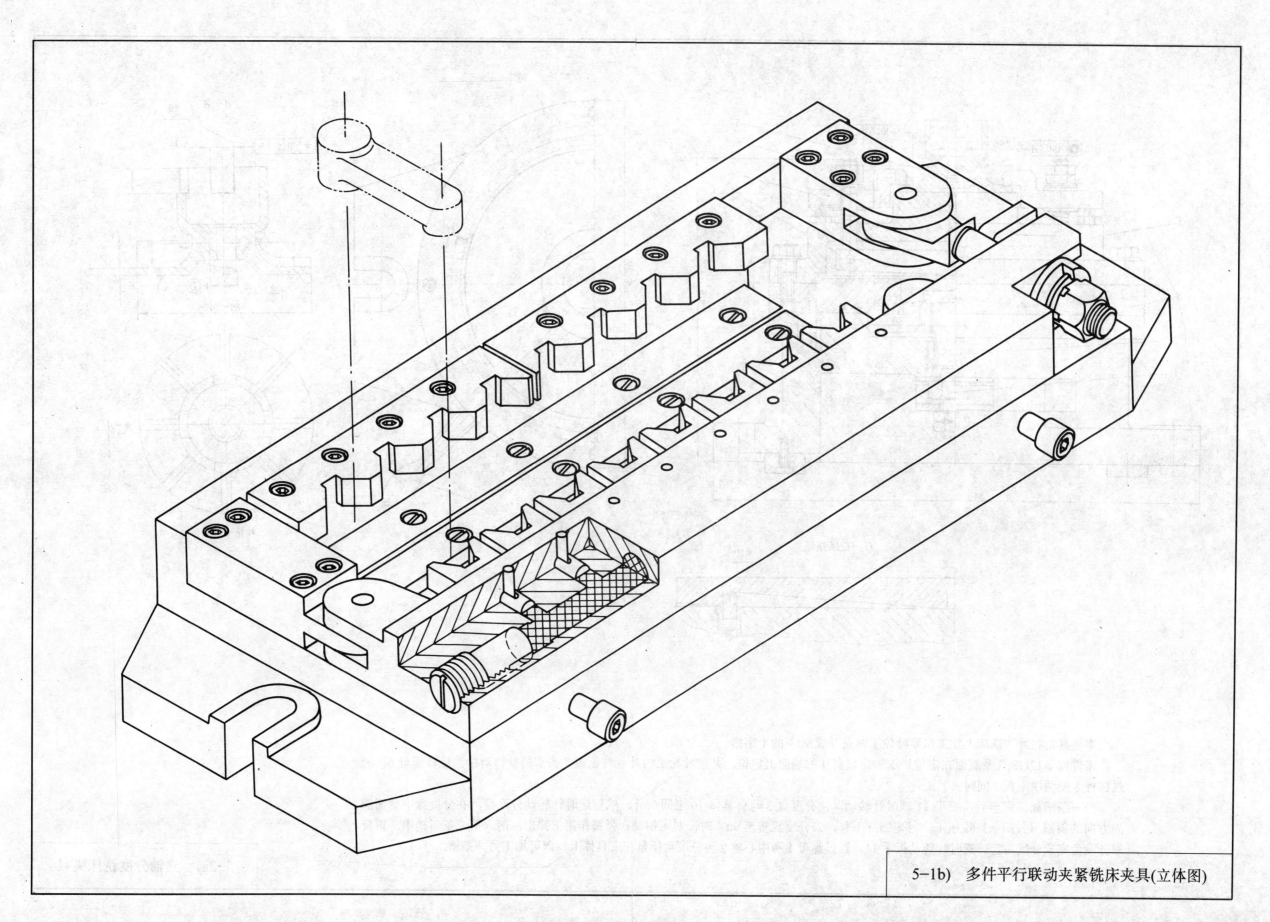

5-1b)　多件平行联动夹紧铣床夹具(立体图)

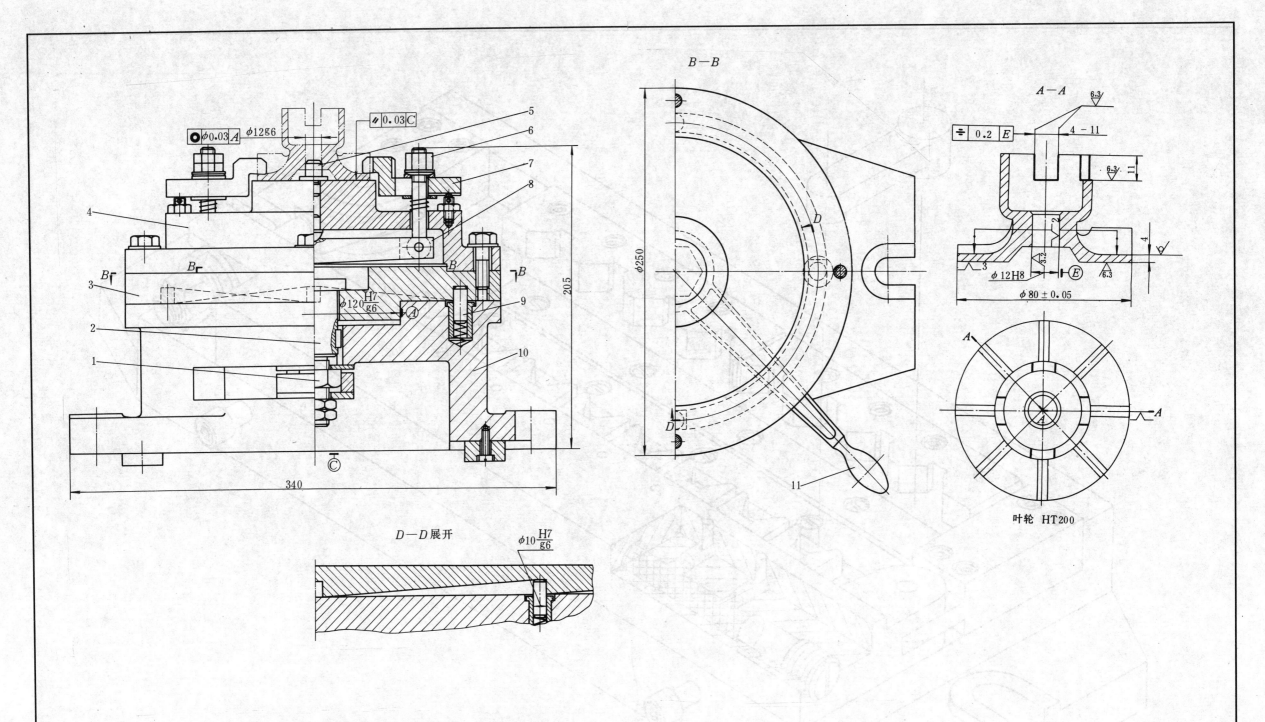

B—B

A—A

ϕ250

ϕ80±0.05

ϕ12H8

3

$\perp$ 0.2 E

4—11

$\div$ 0.2 E

叶轮 HT200

205

340

D—D展开 ϕ10 $\dfrac{H7}{g6}$

本夹具用在卧式铣床上加工水泵叶轮上两条互成90°的十字槽。

工件以 ϕ12H8 孔及底面在定位销5和定位盘4的端面上定位，并使叶轮上的叶片与压板7头部的缺口对中。旋转螺母6，通过杠杆8使两块压板7同时夹紧工件。

当一条槽加工完毕后，扳手11顺时针转动，使分度盘3与夹具体10之间松开。然后逆时针转动分度盘，在分度盘下端面圆周方向的斜槽（共四条）推压下，对定销9下移，当分度盘转至90°时，对定销9在弹簧作用下弹出，落入第二条斜槽中，再反靠分度盘完成分度对定。逆时针转动扳手11，通过螺母1和中心轴2将分度盘压紧在夹具体上，即可加工另一条槽。

5—2a) 立轴分度铣床夹具

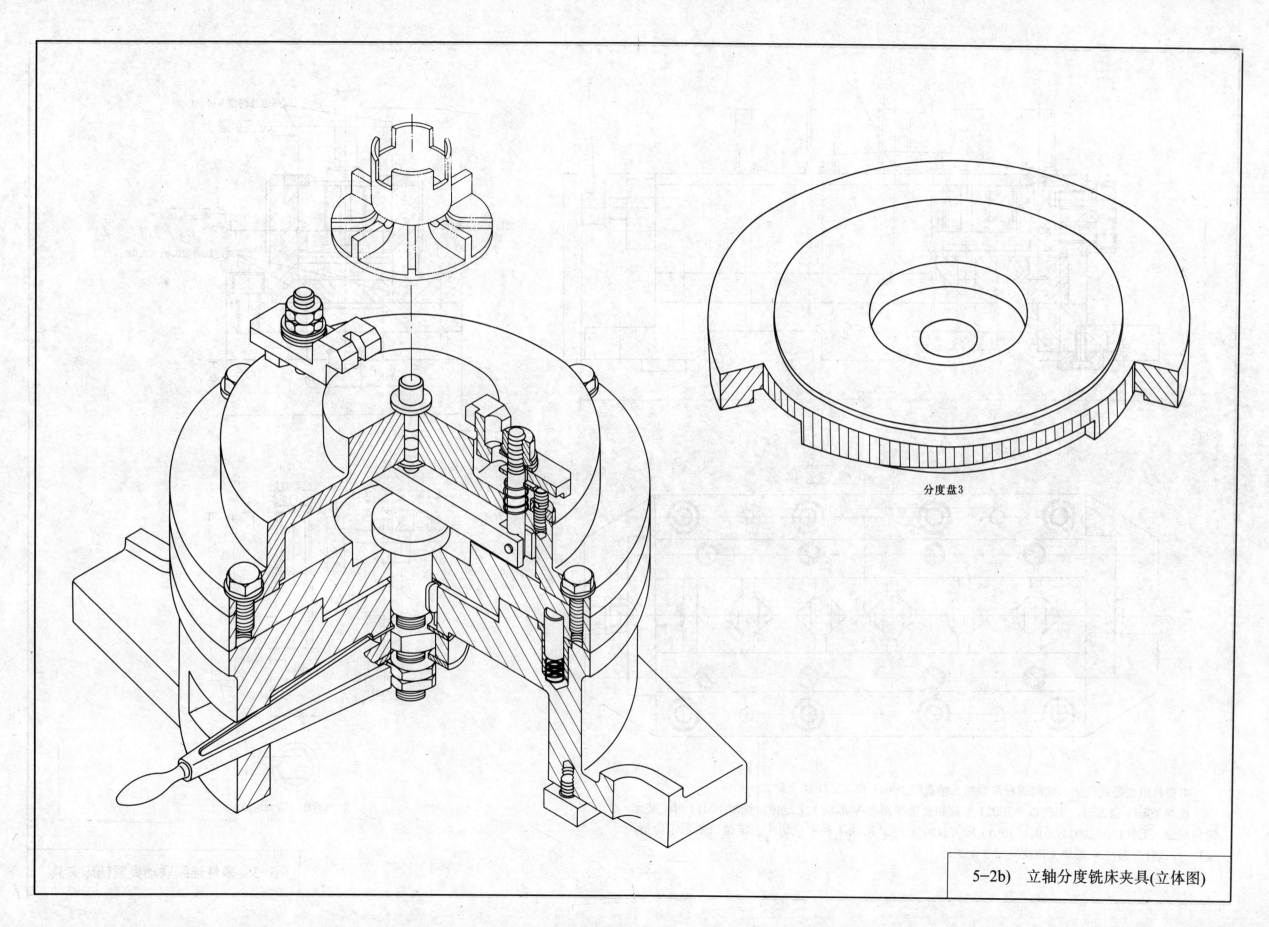

分度盘3

5-2b) 立轴分度铣床夹具(立体图)

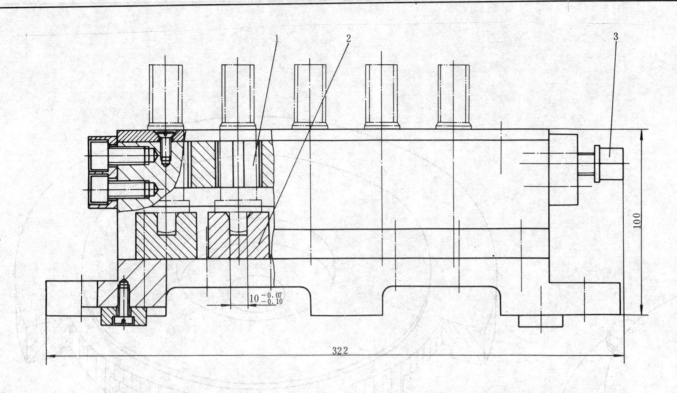

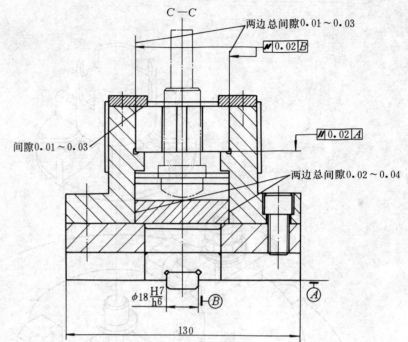

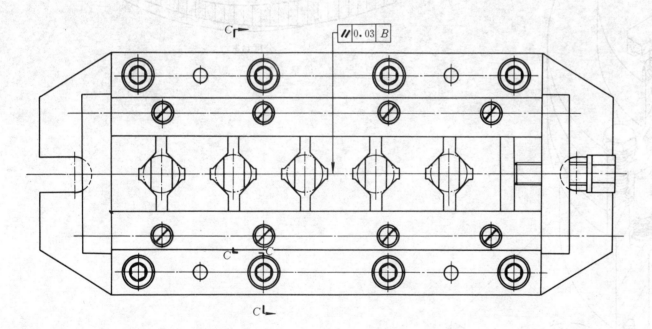

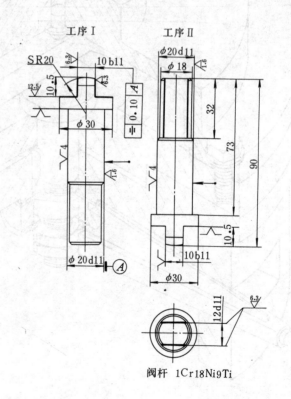

阀杆 1Cr18Ni9Ti

本夹具用在卧式铣床上铣削阀杆两端相互垂直的 10b11 和 12d11 两个扁方。

铣削 10b11 扁方时,工件以 φ20d11 外圆和台阶端面在 V 形块 1 上定位。铣削 12d11 时,装上定位块 2,工件以 φ20d11 外圆、10b11 扁方及端面在 V 形块 1 和定位块 1 上定位(图示定位情况)。拧螺钉 3 通过 V 形块 1 依次夹紧 5 个工件。

5-3 多件连续联动夹紧铣床夹具

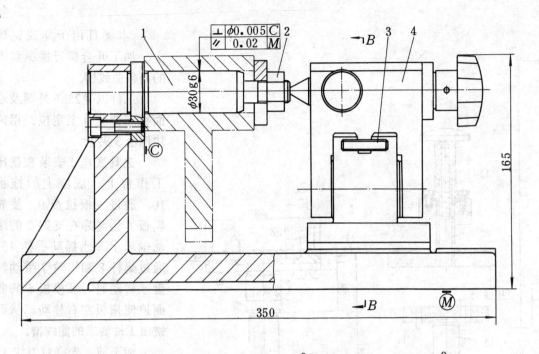

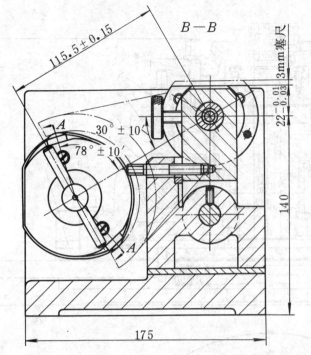

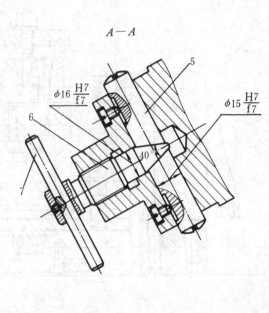

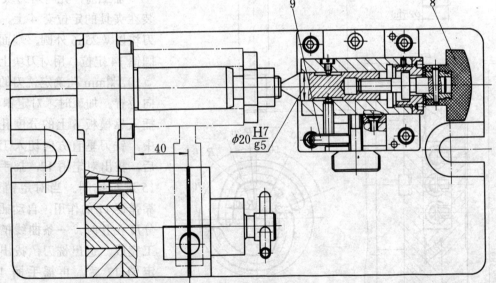

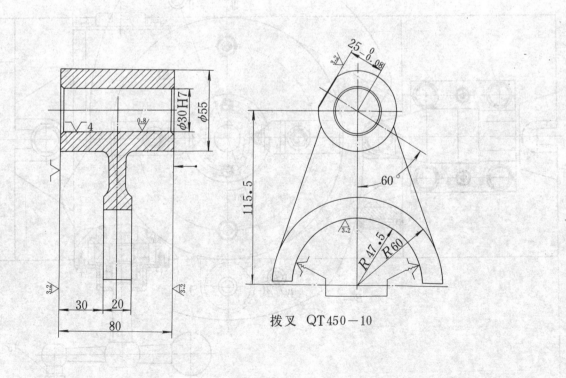

拨叉 QT450—10

本夹具用在卧式铣床上铣削拨叉的齿条顶面。

工件以 $\phi30H7$ 孔和端面及 R47.5mm 圆弧面在台阶心轴 1 和双推杆 5 上定位。

向后翻开顶尖座 4，装上工件。翻上顶尖座，拧螺钉 3 使之锁紧。旋转手柄 8 顶住台阶心轴 1，用螺钉 9 锁紧顶尖。插入开口垫圈，拧螺母 2 轻夹工件。转动手柄 7，螺杆 6 前端的锥面迫使双推杆 5 等速外移，对工件 R47.5mm 圆弧面定心。最后拧紧螺母 2 夹紧工件。

用顶尖顶紧心轴，增大了工艺系统的刚度，使加工过程中的振动减小。本夹具操作较烦锁，适合中小批生产。

5—4　铣拨叉齿顶面铣床夹具

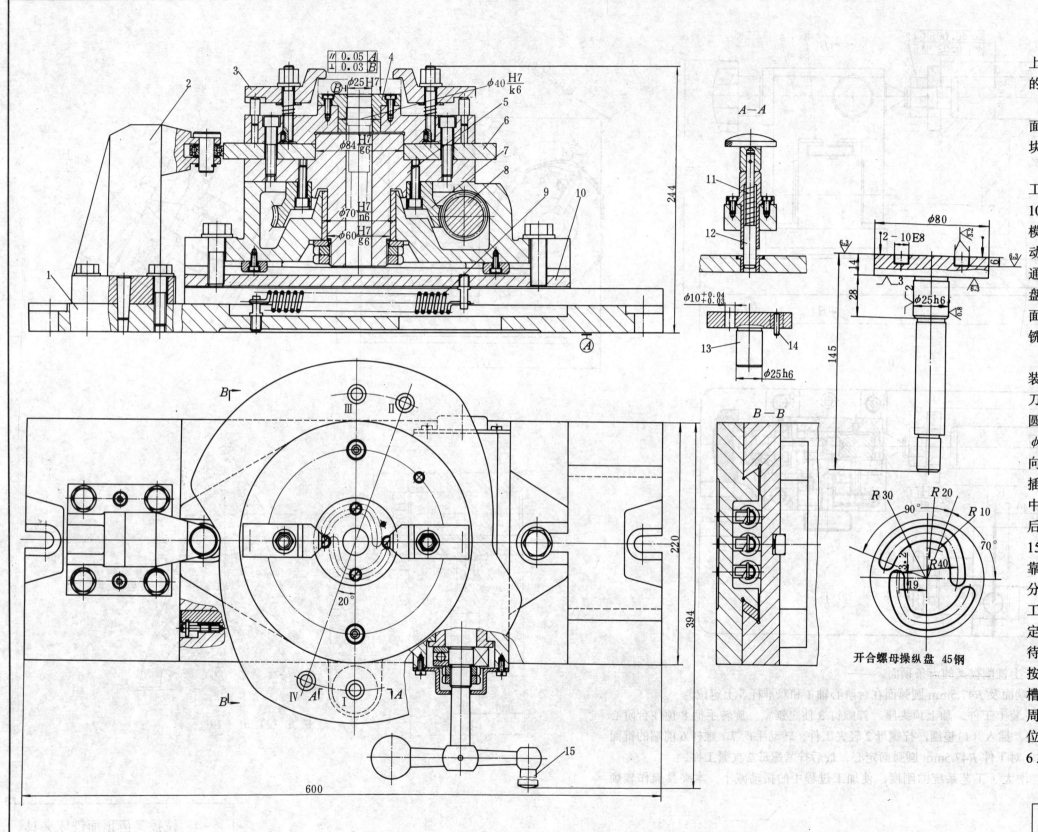

开合螺母操纵盘 45钢

本夹具用于立式铣床上，加工开合螺母操纵盘上的两条曲线槽。

工件以 φ25h6 外圆及端面在定位套 4 上定位。用两块压板 3 夹紧。

夹具底座 1 安装在铣床工作台上。底座上的拖板 10，通过三根拉簧 9，使靠模板 6 始终靠在支架 2 的滚动轴承上。当摇动手柄 15，通过蜗杆 8 和蜗轮 7 带动转盘 5 转动时，靠模板 6 的曲面迫使拖板左右移动，从而铣出工件要求的曲线槽。

加工前，先将对刀块 13 装在夹具的定位套 4 上，对刀块以 φ25h6 外圆、端面及圆销 14 定位。用对刀块上的 $φ10^{+0.04}_{+0.03}$ mm 孔确定铣刀的径向位置。加工时，对定销 12 插入靠模板 6 上的分度孔 I 中，铣刀垂直方向切入工件后，拔出对定销 12，摇手柄 15 进行铣削。当对定销 12 靠弹簧 11 的作用，自动插入分度孔 II 时，一条曲线槽加工完成。退出铣刀，拔出对定销 12 后，再摇手柄 15，待对定销插入分度孔 III 后，按上述方法铣削第二条曲线槽。故工件上两条加工槽的周向位置是靠对刀块 13、定位套 4，对定销 12、靠模板 6 之间的定位保证的。

5-5 靠模铣床夹具

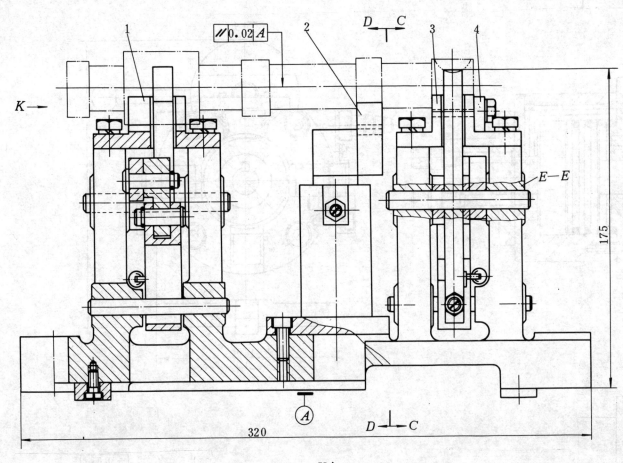

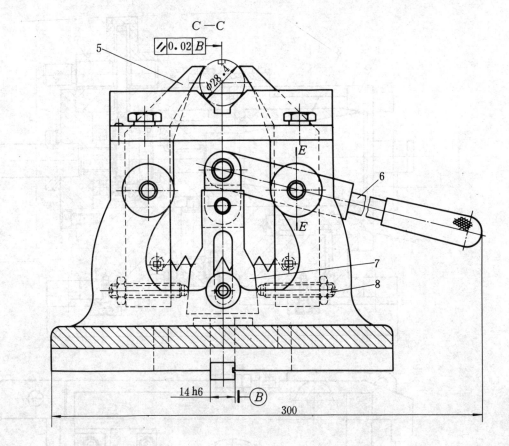

$$\square 0.02\ A$$

$D—C$

$C—C$

$\square 0.02\ B$

$E—E$

175

320

$D \perp C$

A

14 h6

B

300

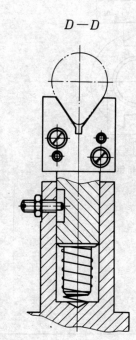

$D—D$

$K向$

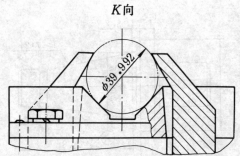

$\phi 39.9_{02}$

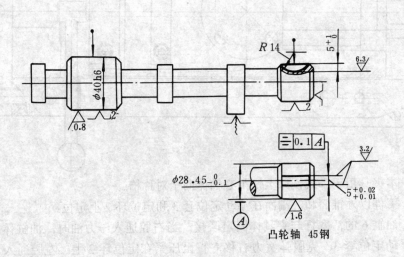

$R\ 14$

5^{+1}_{0}

6.3

$\phi 40\text{h}6$

0.8

2

2

$\square 0.1\ A$

3.2

$\phi 28.45^{0}_{-0.1}$

$5^{+0.02}_{+0.01}$

A

1.6

凸轮轴 45 钢

本夹具用于卧式铣床上加工凸轮轴的半圆形键槽。

工件以 $\phi 40\text{h}6$、$\phi 28.45^{0}_{-0.1}$mm 外圆及端面在 V 形块 1、3 和挡板 4 上定位，采用活动 V 形块 2 控制凸轮与键槽的相对位置。

向下推动手柄 6，带动楔块 7 上升，楔块两侧的斜面迫使两个压板 5 绕支点回转，将工件夹紧。斜楔摆动以保证联动夹紧。螺钉 8 能进行调节，使一批工件夹紧时，都在斜楔的工作表面间。夹紧机构共有两套，分别在工件的 $\phi 40\text{h}6$ 及 $\phi 28.45^{0}_{-0.1}$mm 外圆处夹紧工件。

5—6 单件联动夹紧铣床夹具

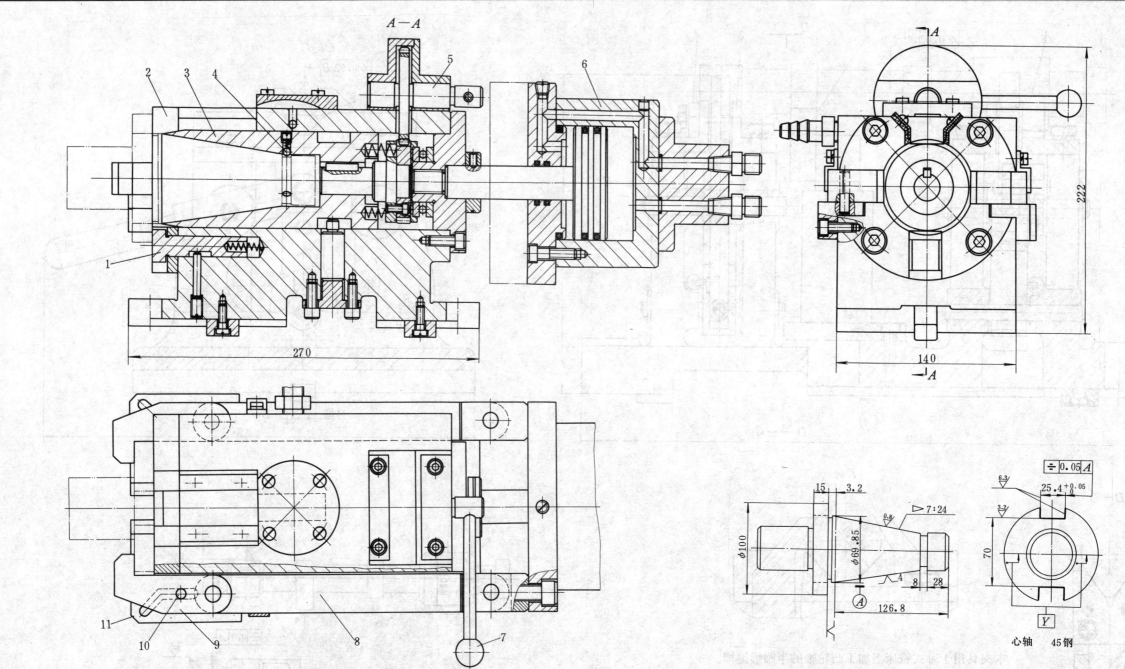

本夹具用于卧式铣床上铣削心轴体两个对称槽。

工件以外锥面和一端面在浮动定位套 3 和定位环 2 上定位。

油缸 6 的活塞杆与夹具体固定联接。当右腔通入压力油时，油缸体右移，带动两个拉杆 8 右移，钩形压板 9 使工件右移，推动浮动定位套 3，克服弹簧力右移，直至压紧在定位环 2 上。左腔通入压力油时，油缸体带动拉杆 8 及钩形压板 9 左移，使工件松开。固定在压板上的圆销 10 在支承板 11 的槽中滑动，使压板 9 向外张开，以便装卸工件。

一条槽铣好后，松开工件，通过手柄 7 转动齿轮轴 5 使浮动定位套 3 带动工件回转 180°，定位销 1 在弹簧力作用下，插入已铣好的工件槽内定位，再夹紧工件，铣削另一条槽。三个钢球 4 靠弹簧力卡在工件尾部的环槽中，防止在回转分度过程中工件与定位套之间相对移动。

5-7　液压夹紧铣床夹具

六 镗床夹具

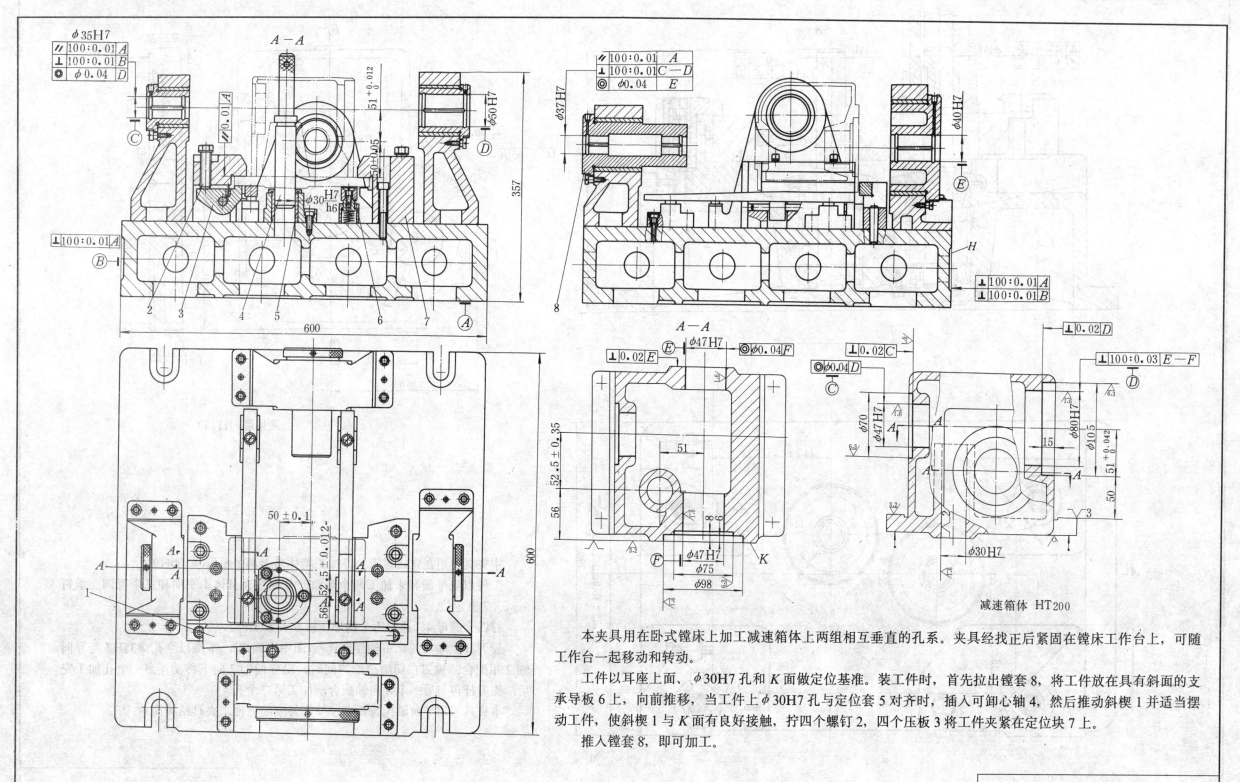

减速箱体 HT200

本夹具用在卧式镗床上加工减速箱体上两组相互垂直的孔系。夹具经找正后紧固在镗床工作台上，可随工作台一起移动和转动。

工件以耳座上面、φ30H7孔和K面做定位基准。装工件时，首先拉出镗套8，将工件放在具有斜面的支承导板6上，向前推移，当工件上φ30H7孔与定位套5对齐时，插入可卸心轴4，然后推动斜楔1并适当摆动工件，使斜楔1与K面有良好接触，拧四个螺钉2，四个压板3将工件夹紧在定位块7上。

推入镗套8，即可加工。

6-1 前后双支承镗床夹具

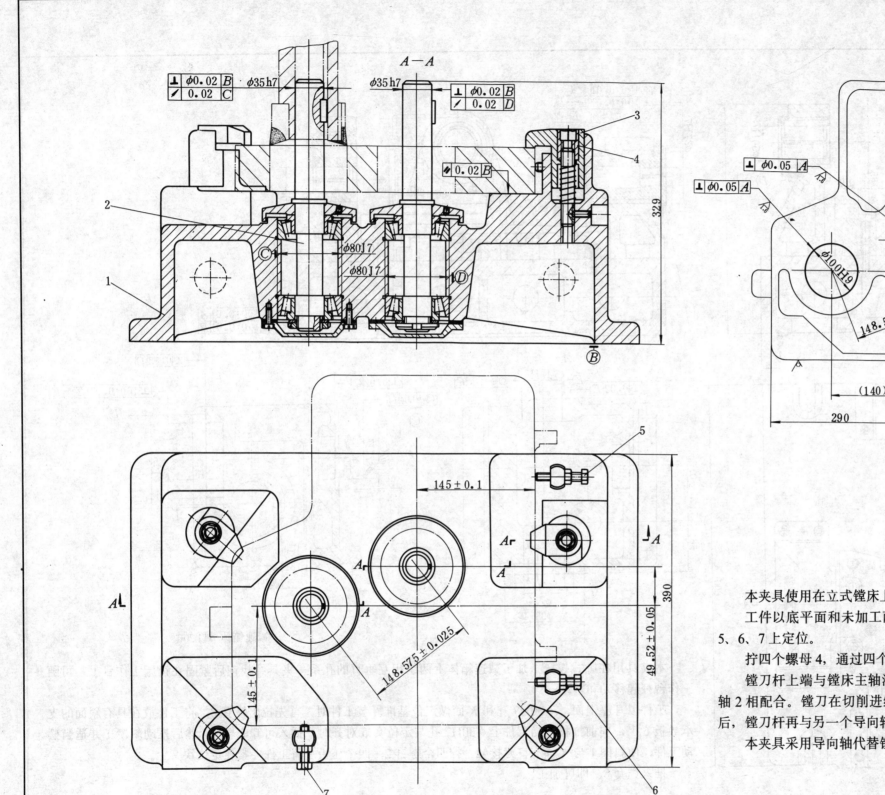

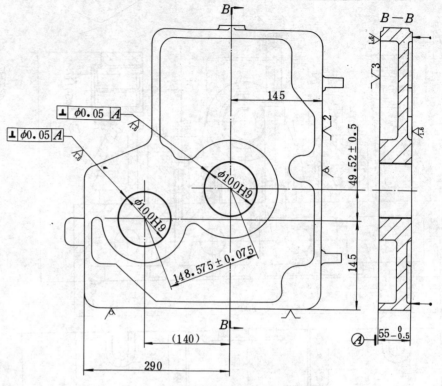

箱体盖 HT150

本夹具使用在立式镗床上,加工箱体盖上两个平行 $\phi100H9$ 孔。

工件以底平面和未加工两个侧面,分别在夹具体 1 平面和三个可调支承钉 5、6、7 上定位。

拧四个螺母 4,通过四个钩形压板 3 夹紧工件。

镗刀杆上端与镗床主轴浮动连接(图中未画出),下端以圆孔 $\phi35H7$ 与导向轴 2 相配合。镗刀在切削进给的同时,沿导向轴 2 向下移动。当一个孔加工完后,镗刀杆再与另一个导向轴配合,加工第二个孔。

本夹具采用导向轴代替镗套,使工件安装方便,夹具结构简单。

6-2a) 立式镗床夹具

6-2b) 立式镗床夹具(立体图)

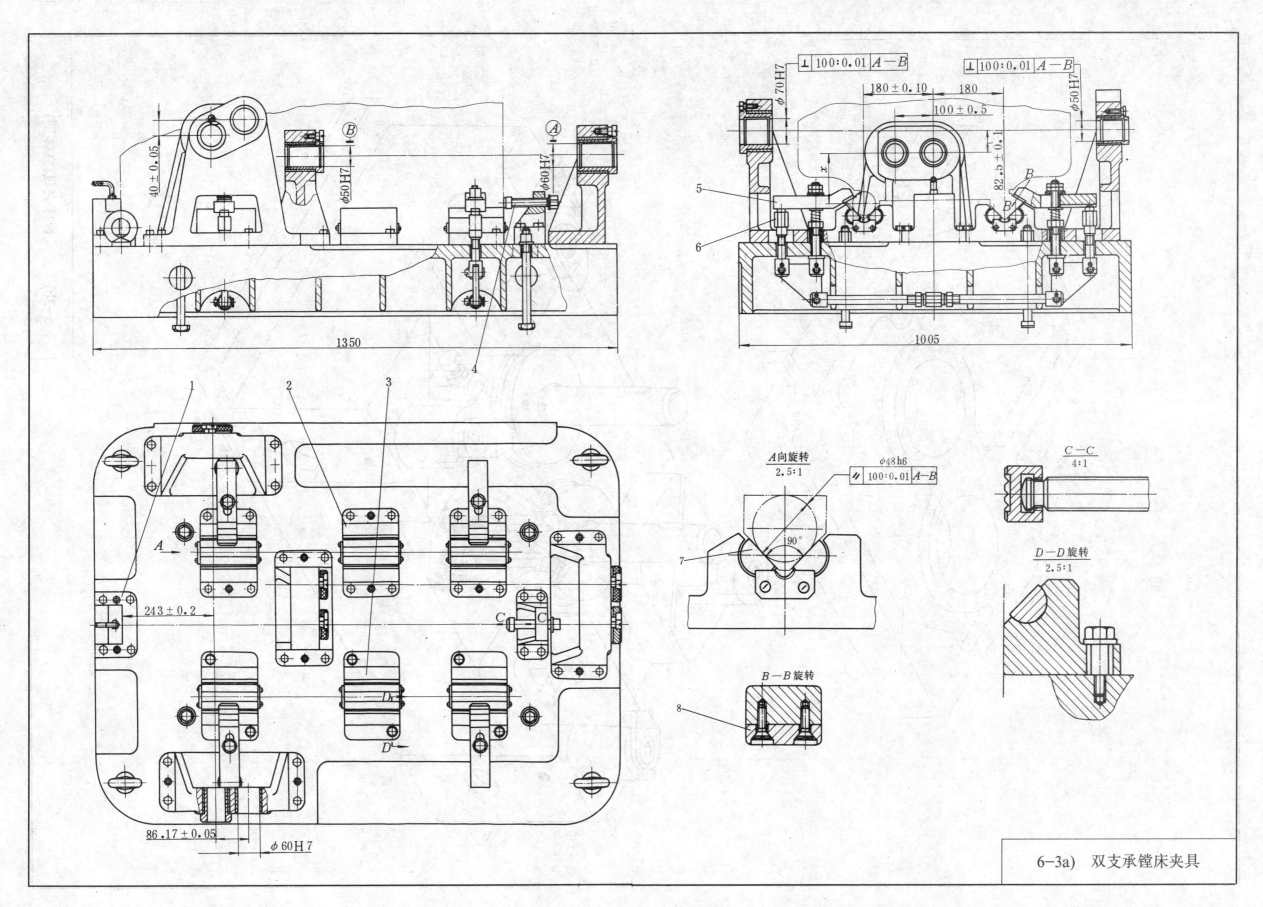

⊥ | 100:0.01 | A—B

⊥ | 100:0.01 | A—B

φ70H7 180±0.10 180 φ50H7

100±0.5

82.5±0.1

5

6

1005

40±0.05

φ50H7

φ60H7

1350

1   2   3

A

243±0.2

C—C

A向旋转
2.5:1

φ48h6

∥ | 100:0.01 | A—B

7

90°

4:1

D—D旋转
2.5:1

B—B旋转

8

86.17±0.05

φ60H7

6-3a) 双支承镗床夹具

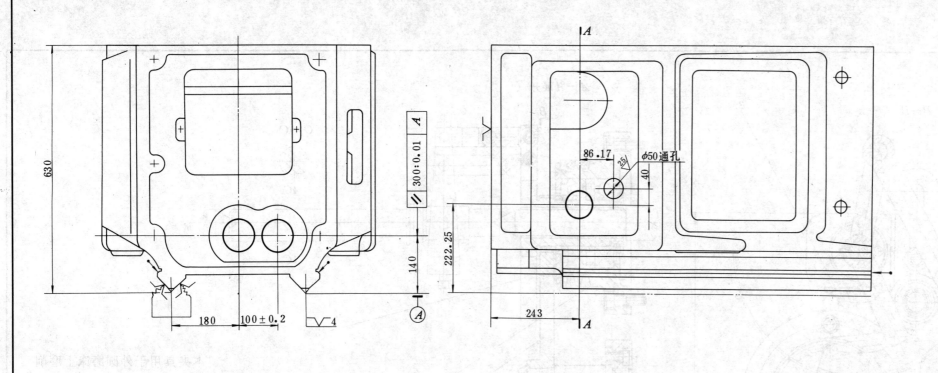

本夹具用在卧式镗床上，加工滚齿机床身立柱上两排互成90°的平行孔系和端面。

工件以双V形导轨和端面，分别在V形座2、3上的半圆定位块7和定位块1上定位。

工件导轨面不与V形座2、3直接接触，而是分别与放在V形座半圆孔中能自由摆动的半圆形定位块接触，这样可以补偿由于导轨面和V形座的角度制造误差。另外V形座3做成活动的，由于工件重量的作用，V形座3与固定V形座2之间距离是变化的，能补偿工件两导轨间的尺寸误差。保证工件导轨面与V形座2、3中的半圆定位块7有良好的接触。

拧螺母6使两副联动螺旋压板5夹紧工件，拧螺拴4使工件夹紧在定位块1上。为避免工件吊运时碰坏，定位块1做成可卸式。压板5头部镶有铜块8，以免压伤工件表面。

夹具安装在镗床工作台上，找正后紧固。

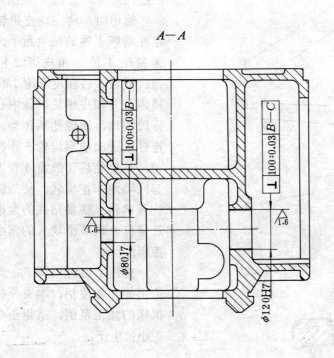

A—A

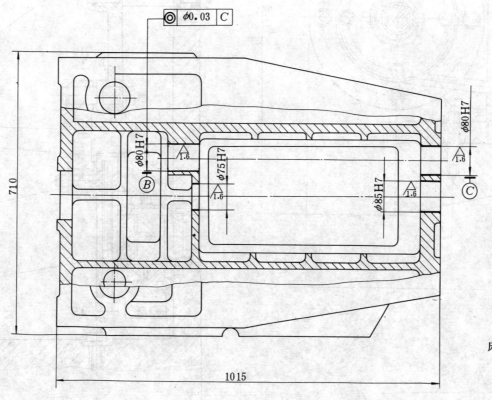

床身立柱　HT 200

6-3b)　双支承镗床夹具(加工零件图)

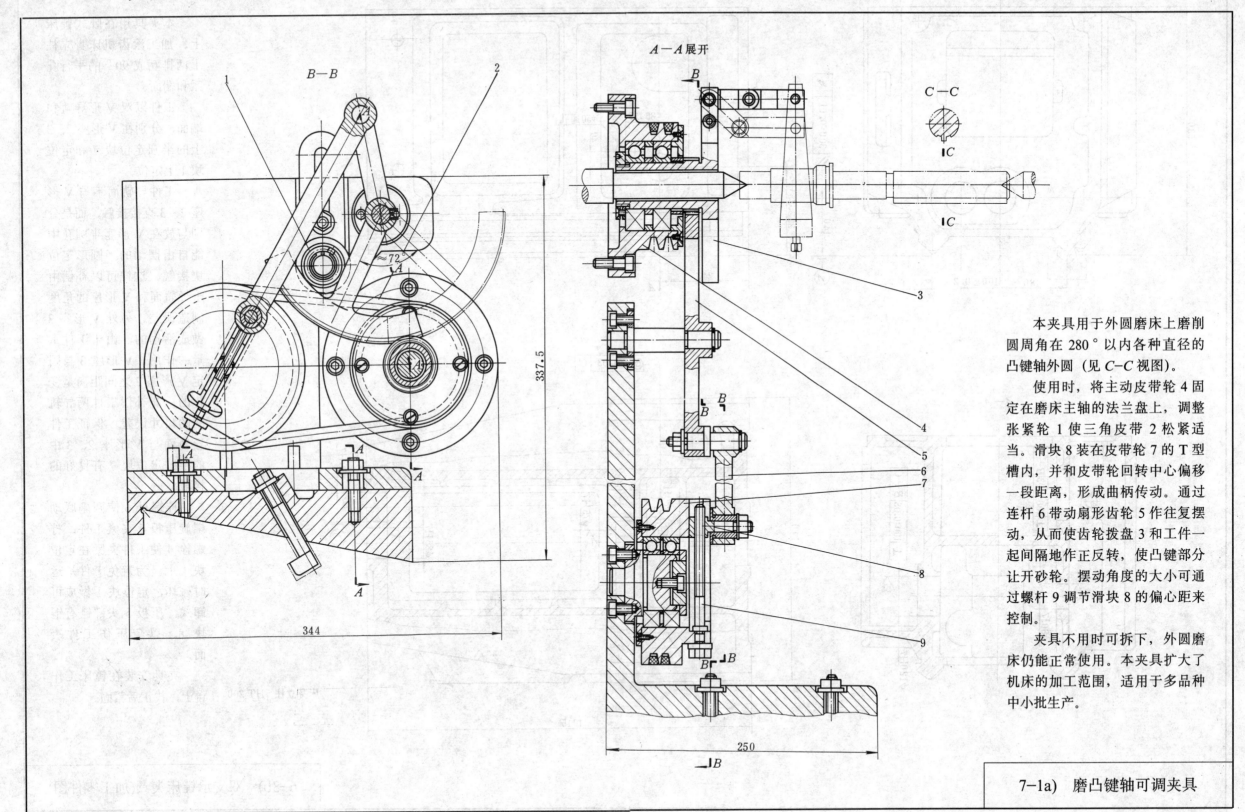

B—B

A—A展开

C—C

≈72°

337.5

344

250

本夹具用于外圆磨床上磨削圆周角在 280° 以内各种直径的凸键轴外圆（见 C-C 视图）。

使用时，将主动皮带轮 4 固定在磨床主轴的法兰盘上，调整张紧轮 1 使三角皮带 2 松紧适当。滑块 8 装在皮带轮 7 的 T 型槽内，并和皮带轮回转中心偏移一段距离，形成曲柄传动。通过连杆 6 带动扇形齿轮 5 作往复摆动，从而使齿轮拨盘 3 和工件一起间隔地作正反转，使凸键部分让开砂轮。摆动角度的大小可通过螺杆 9 调节滑块 8 的偏心距来控制。

夹具不用时可拆下，外圆磨床仍能正常使用。本夹具扩大了机床的加工范围，适用于多品种中小批生产。

7—1a)　磨凸键轴可调夹具

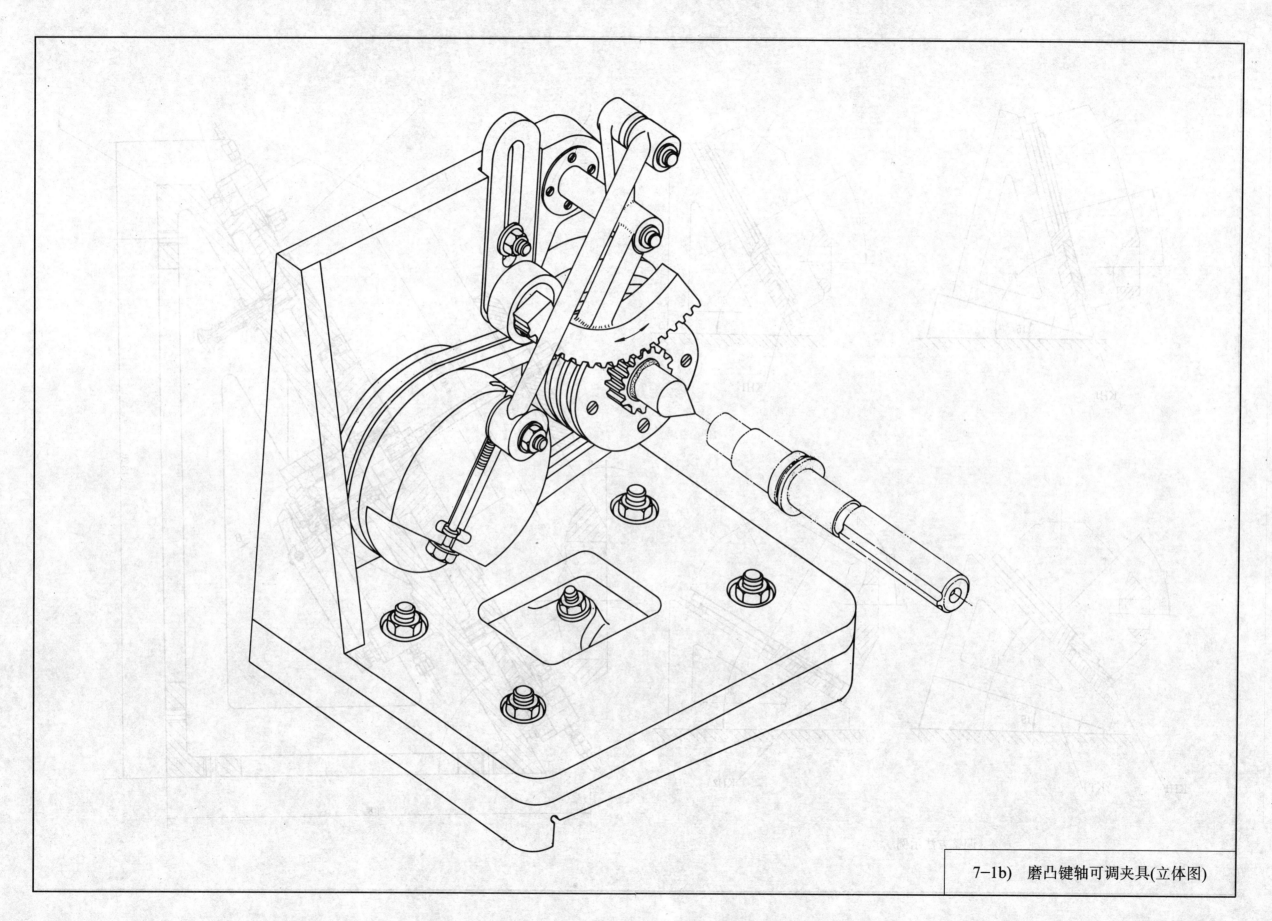

7-1b) 磨凸键轴可调夹具(立体图)

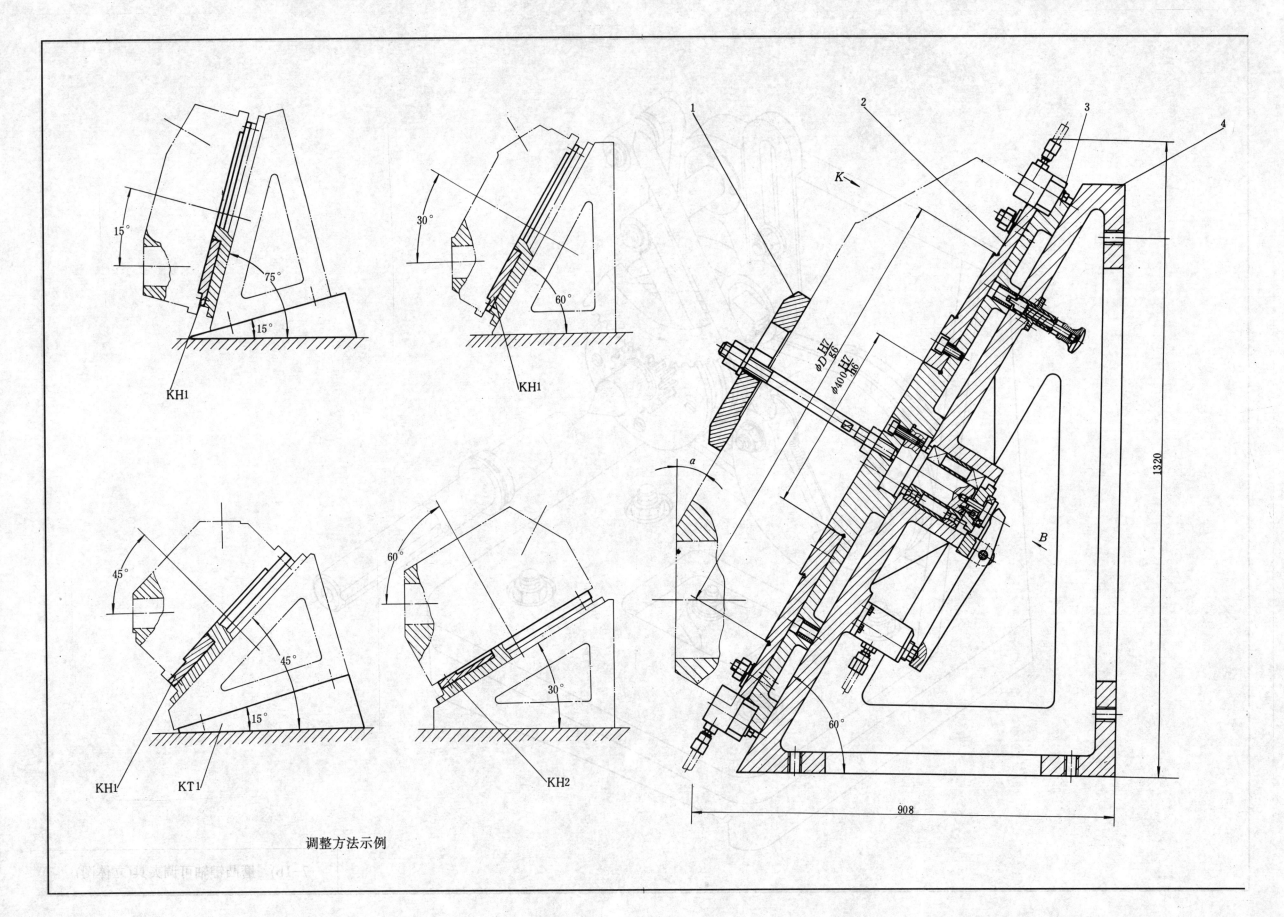

调整方法示例

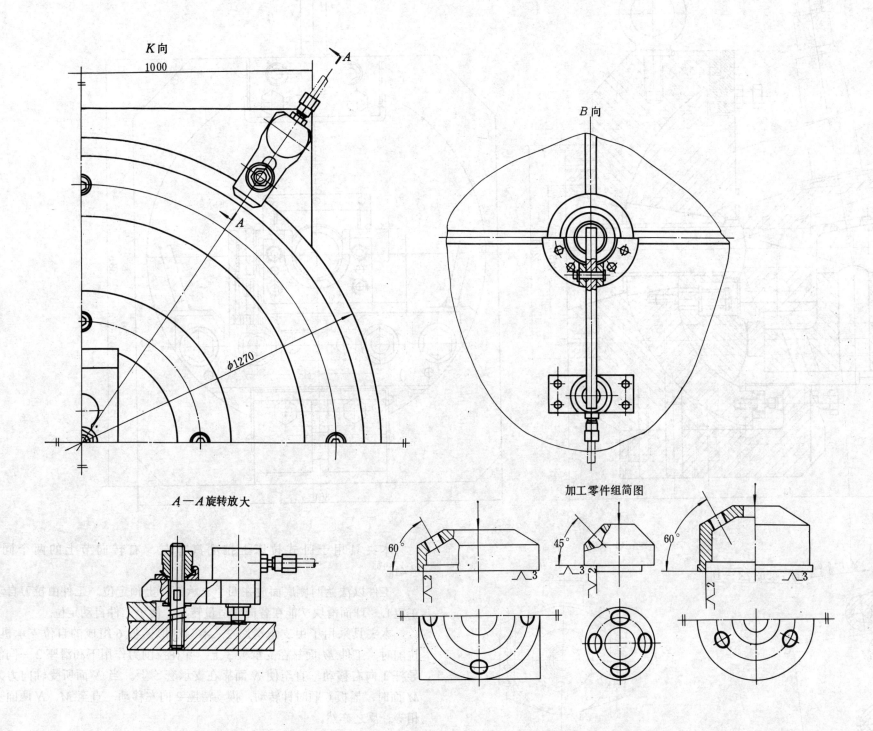

K向
1000

A—A 旋转放大

B向

加工零件组简图

60° 45° 60°

本夹具用于卧式镗床上镗削壳体（如气缸座）及箱体等类零件上的呈圆周均布的斜孔。

工件用底面及一个内孔或外圆在定位盘 2 上定位。用压板 1 夹紧工件。

定位盘 2 可根据工件的内孔和外圆两种不同的定位基准表面而换用（称为可换件，用 KH 表示）。每块定位盘上都有几种不同直径的定位面，以适应各种直径的内外圆表面的定位要求。改变底座 4 及换角度座（换角度座称为可调件，用 KT 表示）的方位，可加工具有不同斜孔倾角 α 的零件。借助于分度盘 3 的分度，可加工各种孔数不同的零件。

其适用范围：

1. 角度调整范围：75°，60°，45°，30°。

2. 定位圆直径：500～1000mm。

3. 夹紧调整高度：250～550mm

本夹具适用于多品种中小批生产。

7-2　镗壳体类零件斜孔成组夹具

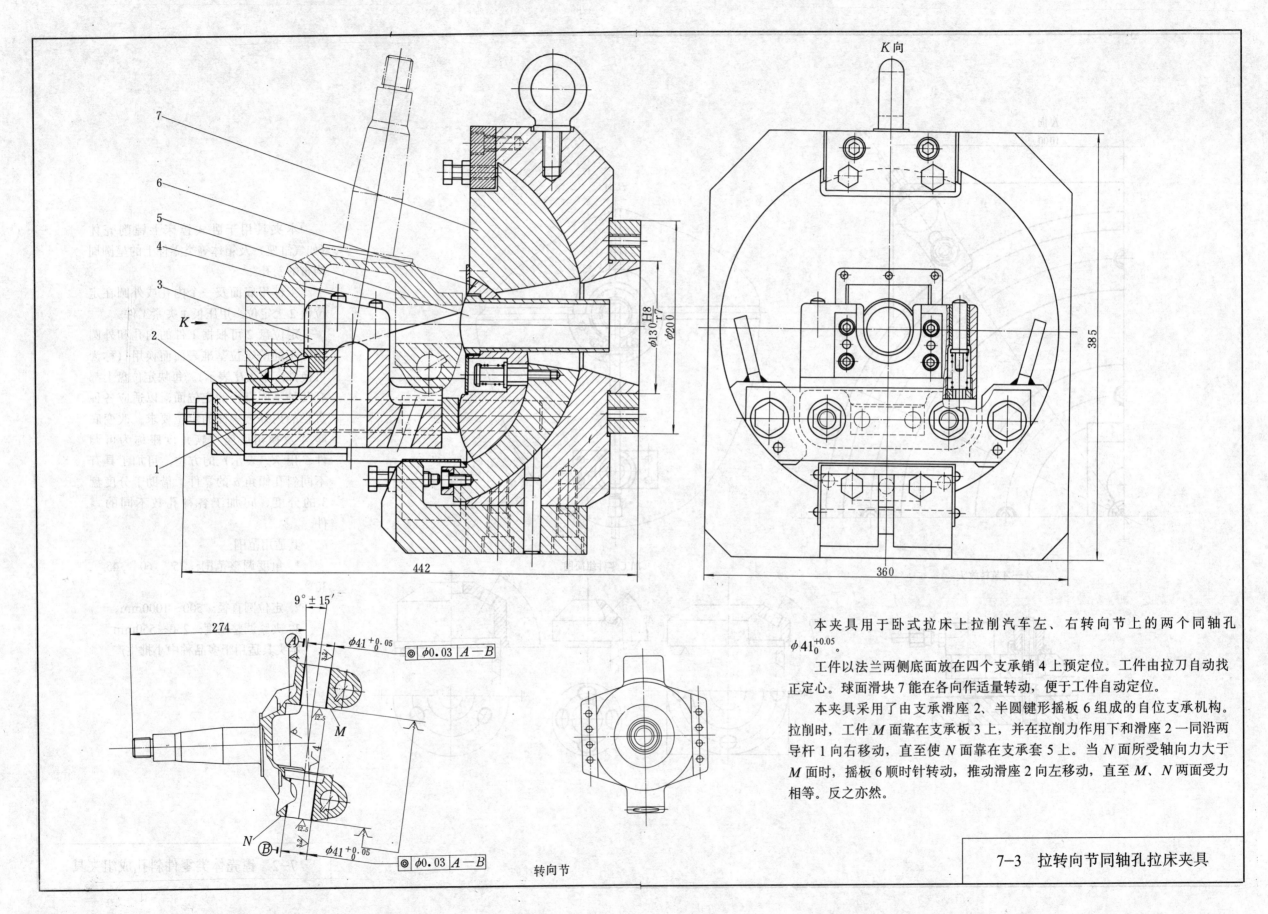

本夹具用于卧式拉床上拉削汽车左、右转向节上的两个同轴孔$\phi 41_0^{+0.05}$。

工件以法兰两侧底面放在四个支承销 4 上预定位。工件由拉刀自动找正定心。球面滑块 7 能在各向作适量转动，便于工件自动定位。

本夹具采用了由支承滑座 2、半圆键形摇板 6 组成的自位支承机构。拉削时，工件 M 面靠在支承板 3 上，并在拉削力作用下和滑座 2 一同沿两导杆 1 向右移动，直至使 N 面靠在支承套 5 上。当 N 面所受轴向力大于 M 面时，摇板 6 顺时针转动，推动滑座 2 向左移动，直至 M、N 两面受力相等。反之亦然。

转向节

7-3 拉转向节同轴孔拉床夹具

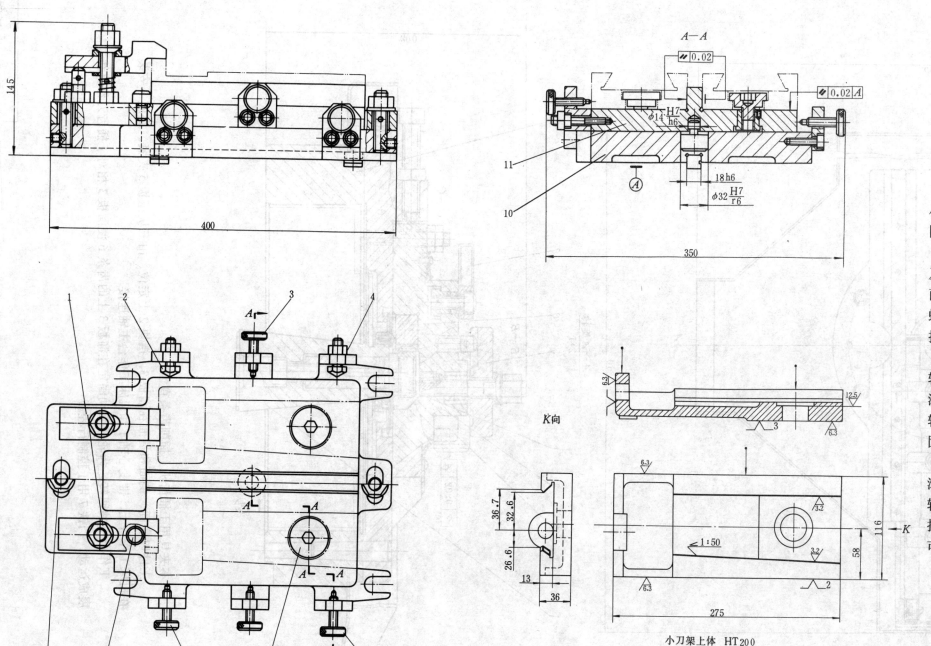

$A—A$

K向

小刀架上体 HT200

本夹具用于牛头刨床上刨削车床小刀架上体两条燕尾导轨面。夹具上同时安装两个工件。

工件以互相垂直的底平面、侧面及端面为定位基准，在回转体 11 的平面、侧面及止推销 8 上定位。拧两个螺母 1，内六角螺钉 6 和滚花螺钉 3 把工件夹紧。

加工直导轨面时（图示位置），回转体 11 一侧与可调支承钉 2 接触。拧滚花螺钉 7 和两个锁紧螺母 9，使回转体定位侧面与刨床滑枕方向一致并固定在底座 10 上。

加工 1：50 斜导轨面时，可松开滚花螺钉 7 和两个锁紧螺母 9，使回转体另一侧与可调支承钉 4 接触。再拧滚花螺钉 5 和两个锁紧螺母 9，即可进行加工。

7-4　转位式牛头刨床夹具

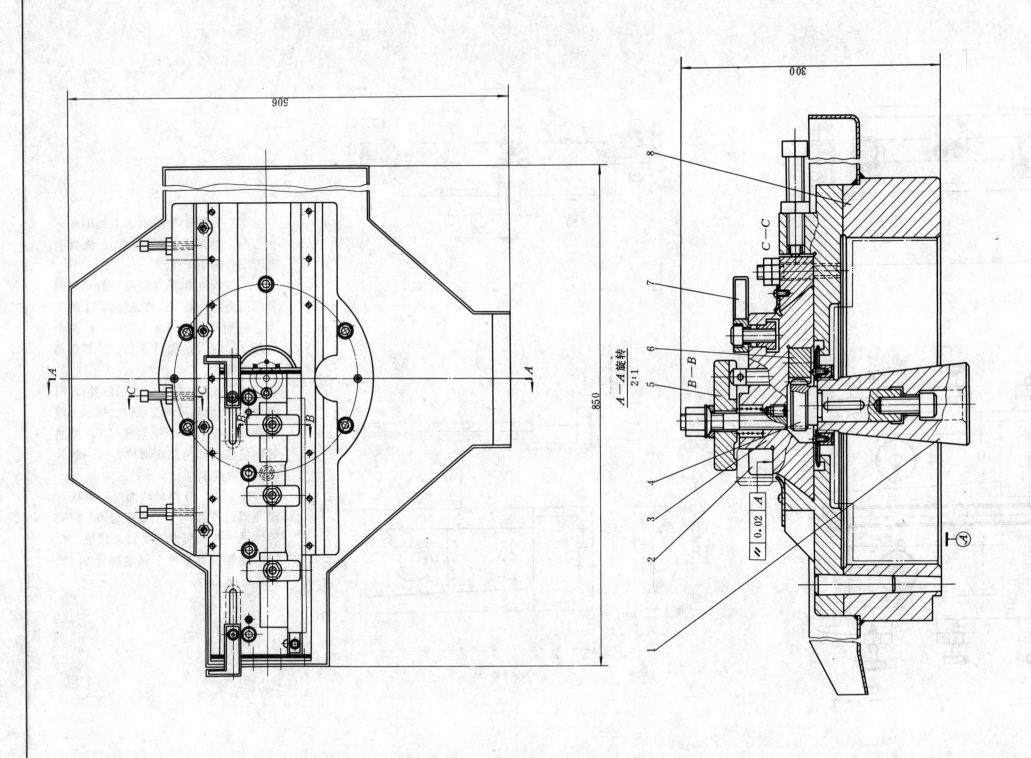

本夹具用于插齿机上插削齿条直齿。

工件以底面、侧面和端面在溜板 3 上定位。挡块 2 上定位。由三块压板 5 夹紧。底座 8 安装在机床工作台上。锥度心轴 4 带动固定在溜板 3 上的齿条 3 使溜板 3 相对于插齿刀作直线展成运动。挡铁 7 用于控制行程。

850

506

300

$A—A$ 旋转
$2:1$

$B—B$

$C—C$

// 0.02 A

8
7
6
5
4
3
2